U0221632

安全领导与决策

LEADERSHIP AND DECISION-MAKING IN SAFETY MANAGEMENT

周　帆　卢红旭　刘大伟◎著

目　录

第一章　常态事故与高可靠性组织理论

工业化进入重化工业阶段之后，各类安全事故似乎成为笼罩在很多风险行业挥之不去的阴霾。我国改革开放早期的大量事故与冒险违章作业、对作业者生存和健康权利的漠视、过度注重经济效益而忽视安全隐患等因素有关。近年来，在政府部门推动的一系列安全标准制定、技术设备更新和安全责任落实等措施下，一些重点监管行业的生产安全状况得到了较大改善。以煤炭行业为例，2004 年发生的各类事故共造成 6027 人死亡（百万吨死亡率为 3.08），2015 年事故死亡数量降至 588 人（百万吨死亡率为 0.159，国家安全生产监督管理总局，2016）。统计数字反映的信息也得到了具体安全管理实践的印证，很多行业的安全管理状况确实发生了巨大的变化。由于严格的追责机制及大幅上升的事故赔偿等因素，与过去主要优先追求经济目标不同，目前被重点监管的涉危行业中很多企业的管理层已经非常重视安全问题，甚至宁愿牺牲利润来保障安全目标，而且员工也普遍认识到安全与切身利益的关联性。研究团队近年在访谈中得到关于安全目标重视程度的典型反馈："……生产上的事情还好办，大不了完不成扣点钱，安全上出了事那是天塌了……"，"……安全是大事，要是上不来了，老婆拿抚恤金改嫁、孩子被后爸打……"（按原意改写），"……我单位是不计成本地保障安全，安全出问题，帽子肯定没了，可能还要戴铐子……"（国家电网某市局负责人）。目前安全生产在一些行业和一些企业中得到了极大的关注和重视，但重大事故仍时有发生，并且很多企业中一般小事故和可能导致事故的安全隐患普遍大量存在，研究团队发现在案例调研和问卷调查取样的五家企业中均出现了事故或者严重安全隐患（Zhou & Jiang，2015），例如一家采矿企业违规开机导致一名员工右臂被皮带机严重绞伤，一家电力系统下属集体企业未验票就合闸差点导致严重的电击事故等。可见外部的公共管理措施可以减少企业在安全生产中的投机行为，使企业的安全管理从“不及格”走向“基本合规”，但要从“及格”走向“优秀”，仍有赖于企业自身安全管理水平的提升。从统计数字上看，即使在安全监管最受重视的煤炭行业，我国单位产量伤亡指标目前仍明显高于世界主要产煤国的水平（如果暂不考虑在开采条件上的差异），有人员伤亡的安全事故仍不时发生。

为什么在重视安全的情形下仍不时出现重大事故及大量的安全隐患？安全事故，尤其是导致人员伤亡和严重财产损失的事故能否被完全杜绝？Perrow（2011）在“常态事故理论”中提出，现代工业体系的不断演进使技术系统复杂性急速上升，技术系统各部分的紧密耦合和交互作用使变异的发生变得很难预知，事故可能肇始于微不足道的一系列小的安全事件，这些事件以难以预先获知的组合作用方式使技术系统局部失效，而局部之间的紧密耦合使失效的后果扩散，导致整个防护系统的崩溃。根据常态事故理论的逻辑，事故预防在复杂技术系统背景下通常是一个防微杜渐式的过程，对各类安全隐患的积极排查是降低事故风险的必要措施；并且，由于无法事先对系统交互完全掌握，安全管理过程不仅仅是严格遵守安全规则，还包括主动的学习和反思等安全参与过程。佩罗认为高技术系统各个组元之间的交互作用极其复杂，而且设计来保障安全的东西其自身也会出故障，例如三里岛核电厂事故的肇因是减压安全阀出了故障，减压阀的故障又恰好与仪表的误读和操作者的错误判断有关，这些子系统的交互作用模式使得高辐射物质进入外部水体，导致灾难。佩罗认为从某种意义上说，高技术复杂系统出事故的概率会比人们原先估计的要高得多，这类事故将是“正常事故”，而不是什么所谓“百年一遇、千年一遇”的事故。因此，工业化社会中人类需要学会与高风险的复杂技术系统共存。佩罗提出的常态事故理论对我们认识生产安全事故有非常重要的启示。首先，安全事故的风险应当被理解为复杂性系统（complex system）的固有特征，不能期望存在一劳永逸的安全管理措施来杜绝事故的发生。其次，安全事故的成因与复杂系统的两种因素有关，即交互作用和紧致耦合，因此非常重要的是运用系统思维对安全系统进行持续优化，包括通过在耦合处增加冗余资源等方式来预防事故，而不是空喊口号。

与佩罗的常态事故理论对安全事故的悲观预期不同，Weick(2008)提出的"高可靠性组织"理论强调安全参与和反馈学习的重要性，研究者们通过系列个案研究对保持高水平安全记录的高风险作业条件组织的特征进行分析，例如研究者对"卡尔·文森号"(USS Carl Vinson)核动力航母编队进行了大量的资料分析和跟踪访谈(Roberts, Bea & Bartles, 2001)，发现各层级军官的反馈学习能力是该部队长期保持优异安全记录的关键因素之一。从具体的安全管理现象的角度可以得到这样的启示：大量存在且无法完全消除的安全隐患可能是导致重大事故的原因，隐患导致事故的作用模式可能在已知或设定的预期以外，发现安全隐患并从隐患中进行学习反馈和调整是一个组织预防事故的重要措施之一。

基于对"卡尔·文森号"航母编队的观察归纳，维克提出了高可靠性组织的五项基本特征，包括：(1)对危险和失败的预期警觉(preoccupation)；(2)对操作过程的敏感；(3)对简单化(处理问题)的抵制；(4)对专业的尊重；(5)对弹性的坚持。维克提出的高可靠性组织的这些特征是相互关联的，他认为像"卡尔·文森号"核动力航母这样高度复杂的，且经常处于军事活动这样的高度不确定性的环境中的系统还能够保持非常优秀的安全记录，最重要的是该编队中从军官到水手在各种作业任务中都保持一种他称之为"全神贯注(mindfulness)"的状态。全神贯注这种状态表现为"卡尔·文森号"的作业人员对可能存在的风险和后果有非常充分的心理准备，他们对过程细节非常敏感。对比三里岛核事故中的操作任务对泄压阀指示灯信号的简单处理的错误，"卡尔·文森号"的作业人员拒绝用简单化的思路对一些问题进行草率的处理。同时，尽管美国海军中有非常清晰的军衔等级和指令秩序，但是在执行任务的过程中，各级军官都非常重视和尊重一线专业人员的专业判断能力，等级的存在提高了决策执行效率，但没有干扰决策信息来源和降低专业水准。并且，"卡尔·文森号"的官兵对加强系统对抗风险能力的弹性(resillience)非常重视和坚持。维克认为这些特征不是相互割裂的，其共同内涵是对任务过程全神贯注的持续状态，高可靠性组织的基本特征就是对安全的投入状态(如图 1 所示)。

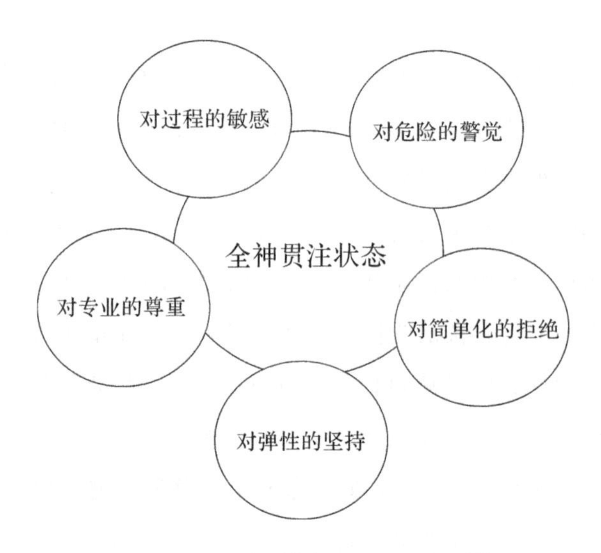

图 1.1　维克高可靠性组织理论的总结

常态事故理论认为安全事故产生是组织系统各要素交互复杂性(interactive complexity)与强耦合(close coupling)共同作用的自然结果,难以避免。交互复杂性反映了组织系统的各类要素数量、各要素关系的数量、各要素间交互的反馈路径的数量。一般而言,随着系统中包含的技术要素越来越多,交互复杂性也会随之增加。耦合表示系统中某一要素的变化对另一要素的影响,强耦合反映系统某个过程的紧密程度,通常被要素冗余性、资源充裕性和过程灵活性所影响。常态事故理论的核心观点认为,系统对变化的反应无法完全得以预见,继而会产生安全隐患,最终不可避免地导致安全事故的发生。而高可靠性组织理论与常态事故理论不同,该理论认为尽管事故发生可能是常态化的,但是特定的组织实践有助于预防严重安全事故的发生。Sagan(1993)将高可靠性组织理论分解为几个实现安全保障的要素,即高的安全目标优先级及安全系统的可靠性、员工与设备的冗余与支持、去中心化的组织且有针对性培训的强文化与承诺、组织能通过试错不断学习、愿景支持与不断模拟;Weick 和 Sutcliffe(2001)认为高可靠性组织在安全管理中有意识地将“质量管理过程”导入安全管理系统中,包括聚焦失败、对简单化处理的抵制、对操作过程的敏感性、对稳定性的承诺、对专业知识的遵从，从而有效提高管理系统运行的可靠性与稳定性。

佩罗根据交互作用的复杂性和耦合的紧密性，对各类行业安全风险进行了分析，如图 1.2 所示。佩罗认为在复杂性较低、耦合性较松散的行业和组织中，安全风险可以通过强化集中管理等手段进行控制，但是对于复杂系统的安全风险就需要从技术系统的角度进行分析，主要的工作是控制系统酿成事故的潜势，而不是徒劳地试图抗击所有的风险来源，因为这样会导致安全措施交叠矛盾，并无助于整体安全目标的达成。

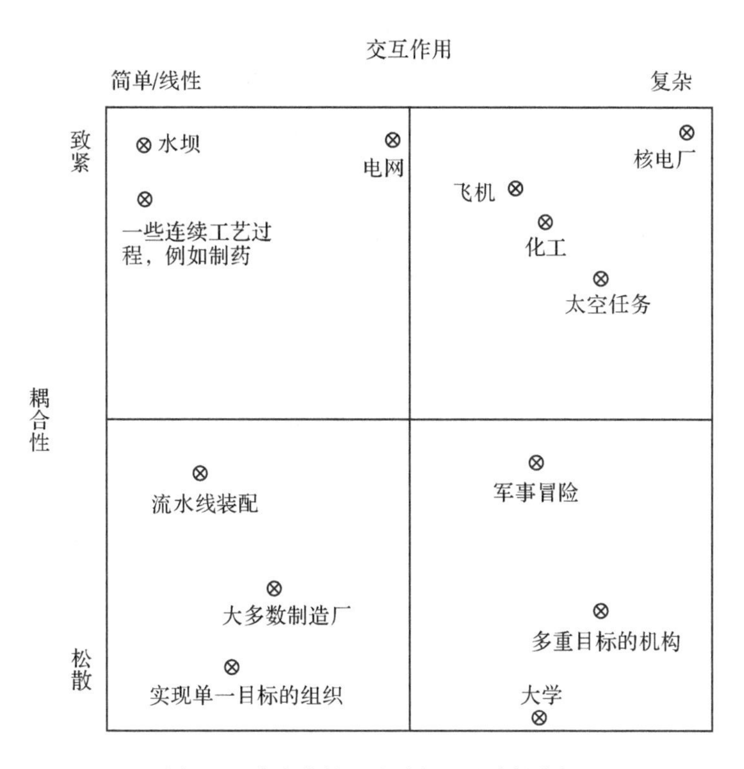

图 1.2 常态事故理论对行业风险的分析

资料来源：Perrow C. Normal accidents: Living with high-risk technologies. New York: Princeton, 2011.

研究者认为既然无法一劳永逸地构建出运行永不出错的高风险系统（Perrow, 2011），因此以动态的视角来检视如何从安全事件中获得反馈并及时调整完善以提升安全屏障是预防事故的关键。维克等的高可靠性组织理论认为，相对于生产中人—机—环境复杂系统可能产生的各类变异，现有的安全规程无法覆盖所有因素组合情形，组织需要具备一定程度的反馈和调整能力以保持高可靠性，从各类安全事件中反馈信息和及时调整并行动非常重要(Weick，Sutcliffe & Obstfeld，2001)。在各类安全事件中，安全临界事件(near miss)近年受到研究者及大量实践者格外的关注和重视。安全临界事件一般指原本极可能导致事故，但仅因为概率因素而没有发生实际的伤害和损失的安全事件(Dillon，Tinsley & Burns，2014)，有学者将"near miss"译为"险兆事件"，但研究团队认为该类安全事件最重要之处是其"几乎导致事故发生"的特征，这类安全事件临近组织安全屏障的边界，故译为"临界事件"能够凸显这一特征。安全临界事件非常具有安全信息提示价值。首先，临界事件发生频率较高，并未造成实际伤害或损失，因此相对于事故而言，从临界事件中获得学习的机会较多而成本很小。其次，临界事件具有清晰的信息线索并伴随个体认知或情绪体验，相对于大量隐藏的难以被排查出来的安全隐患，安全临界事件能够揭示因果逻辑，传递相对明确的信息，非常有利于对应安全隐患的识别和排查。近年来越来越多的研究者开始重视临界事件在安全管理中的重要价值(Dillon et al.，2014)，一些研究机构和政府机构开始启动基于临界事件识别和报告的安全管理实践的构建，例如沃顿风险管理与决策研究中心提出了从临界事件获取安全信息的系统框架，美国职业安全与健康管理局提出了临界事件汇报的管理实践模式的建议。

第二章　行为科学视角下的安全过程

安全事故可能与环境条件、装备技术、操作过程等很多因素有关。在各类安全隐患中，与人因失误有关的安全隐患越来越受到管理实践者的重视。随着工业技术的不断演进，在人—机—环境的复杂系统中，设备的可靠性在不断提高，但由于生产者在生理、心理、社会等方面的特点存在很大的可塑性和不可控性，由人因失误所造成的事故在各类安全生产事故中的相对比例呈现上升的趋势。国外大量统计调查报告表明，人因失误已成为导致事故最重要的直接原因(National Safety Council，2013)。在我国生产实践中，人因失误也被发现是导致各类事故的重要原因之一，尽管研究团队没有查到具体的统计数据，但在国家安全生产监督管理总局公布的事故报告文字中，可以看到由人员“三违”造成的事故占生产事故很大的比例，以辽宁阜新矿业集团2005—2014年发生的共六次有人员伤亡的重大事故中(其中包括一次死亡214人的孙家湾瓦斯爆炸特大事故)的事故调查为例，历次调查报告都显示，导致事故的因素包括诸如“违章带电检修照明信号保护装置”“违章放炮爆破大块煤岩”等直接因素，及“管理混乱”“违章指挥”等间接因素，表明每次事故的直接或间接因素都与安全行为有关。在我国当前生产安全状况严峻的背景下，基于行为科学视角的安全管理研究具有非常重要的现实意义。

Heinrich(1931)提出了一个被广泛引用的事故连锁理论。该理论认为生产事故的发生不是一个孤立的事件，而是一系列事件相继发生的结果，即社会环境和传统、人的失误、人的不安全行为是导致事故的连锁原因。企业安全工作的中心是防止人的不安全行为，消除机械或物质的不安全状态，从而中断事故的进程。海因里希根据对75000个事故记录的案例研究，发现88%的事故的直接成因是个体的不安全行为，10%是不安全的工作条件，2%是不可预期因素。工业生产技术迅速发展，人—机—环境系统的复杂程度不断增加，人因可靠性分析（human reliability analysis，HRA）是在这种背景下产生的一个工程心理学和其他学科交叉的研究领域，研究者以分析、预测、减少和预防人因失误为目标，对人因可靠性进行定性和定量的分析和评价。Hoyos和Ruppert（1995）编制了安全诊断量表，该量表从环境和行为层面测度企业组织的安全生产系数，在行为方面包括5个类别，即注意和感知安全隐患信号、判断和预测隐患、计划和预防、行动、合作和交流。

早期的人因可靠性研究从行为主义的角度出发，探究刺激和反应之间的联结机制。认知心理学兴起之后，研究多从认知框架对安全行为进行分析，从任务的计划、执行中的认知加工过程对人因失误的可能成因进行分析和归纳。研究者（Reason，1990；Hollnagel，1998）从注意、心理图式、记忆存储加工、执行功能等过程分析安全行为和人因失误机制。但现有关于安全行为和人因失误的研究都聚焦在意识控制较强的认知过程上，没有从加工过程的"自动型"（automaticity，Bargh，1999，2006）进行探讨。与控制型加工过程相对，自动型加工过程是个体在外部刺激或当前环境激发或控制下的内部心理加工过程，而个体对这种激发和控制不能或缺乏觉知（Bargh，2006）。研究表明自动型加工过程对个体行为产生重要的作用，并且自动型加工与控制型加工过程的机制存在很大差异（Liberman，2000；Bargh et al.，2001），相对于控制型加工过程，自动型加工是"快速通道"过程，较难被意识察觉（Dijksterhuis & Bargh，2001）。生产作业过程中的自动型加工过程是导致人因失误的重要因素，但没有被已有的安全管理研究所关注，因此我们将从自动型加工的角度分析安全行为。

20多年来，从行为科学的角度研究生产安全问题已成为安全管理研究领域的重点之一。在国际上主要的安全管理领域学术期刊（*Accident Analysis and Prevention*，*Journal of Safety Research*，*Safety Science*等）上，以行为科学方法为主的论文出现频率很高，通常每期该类论文占论文总篇数的三分之一至一半。随着科技发展，在人—机—环境复杂系统中设备的可靠性不断提高；随着各主要工业国家职业安全健康管理部门对涉危企业安全监管的加强，企业在安全设备投入和防护技术改进上受到较为严格的监督。但是，由于工作者在生理、心理、社会等方面存在很大的可塑性和不可控性，加上对人—机—环境契合的研究和设计相对不足和生产管理研究的相对滞后，人因失误所造成的事故在各类安全生产事故中所占的比例呈现上升的趋势。国外大量统计报告表明，人因失误已成为最重要的导致事故的直接原因。研究者对芬兰 1985 年至 1990 年各类严重事故调查分析结果显示 84%～94%的事故是由人因失误导致的(Salminen & Tallberg，1996)。在我国生产实践中，人因失误也被发现是导致各类事故的重要原因之一，例如电力系统 1996 年的统计数据表明，78.1%的事故是由人的因素引起的(张力，1998)；淮北矿务局历年死亡事故统计中，由于人员“三违”造成的事故占生产事故总数的 90%以上(肖国清，2001)。研究者很早开始关注人员的安全行为与事故之间的关系，海因里希等(1959)提出了一个被广泛引用的事故连锁理论，该理论认为生产事故的发生不是一个孤立的事件，而是一系列事件相继发生的结果，即社会环境和传统、人的失误、人的不安全行为是导致事故的连锁原因。企业安全工作的重心是防止人的不安全行为，消除机械或物质的不安全状态，从而中断事故的进程。海因里希根据对 7.5 万个事故记录的案例研究，发现 88%的事故的直接成因是个体的不安全行为，10%是由于不安全的工作条件，2%是由于不可预期因素。在工业生产技术迅速发展以来，人—机—环境系统的复杂程度不断上升，人因可靠性分析是在这种背景下产生的一个工程心理学和其他学科交叉的研究领域，研究者以分析、预测、减少和预防人因失误为目标，对人因可靠性进行定性和定量的分析和评价。

工作场所安全因对人力、财务成本的巨大影响一直是组织管理重点关注的领域之一。美国劳工部(United States department of labor)2007 年的一项统计数据表明，2005 年美国共发生 440 万起职业伤害；根据美国国家安全委员会(The national safety council)2002 年的一项统计，组织每年为应对这些职业伤害需要额外支出的成本高达 5124 亿美元(Kath，Marks & Ranney，2010)。在欧洲，欧盟成员国平均每年发生致命工伤事故数量高达

5000起,约400万人因公受伤或者影响身体健康。在我国,国家安全生产监督管理总局2011年的一项统计表明,2010年我国工矿商贸企业共发生各类安全事故8431起,导致10616人死亡。

大量研究表明,传统的安全管理分析聚焦于工作设计、工程系统等技术层面,往往并不能充分捕捉安全事故发生的真实原因,人的安全行为才是解释安全事故发生的最直接因素(Mullen, 2004)。因此,理解员工在面对安全困境时的行为决策和行为表现成为改进组织安全绩效的逻辑起点。安全行为一般聚焦于员工与工作安全密切相关的特定行为或表现,组织一般将安全行为定义为员工在正式的工作角色中遵守的特定的安全行为规范,例如正确地使用个人防护设备、恰当地开展安全开锁地标签程序(lock-out and tag-out procedures)、应用合适的工作方法降低遭受潜在安全威胁的可能性以及遵守安全政策与规程等实践(Fugas et al., 2012)。

随着研究的深入,越来越多的学者对这种过于强调遵守安全规则的单维的安全行为定义是否充分提出质疑,他们认为安全行为是一个十分广泛的概念,如果能将安全行为概念进行延伸,能够反映员工在工作安全方面的个体主动性,安全行为概念则可能更加充分(Marchand et al., 1998; Griffin & Neal, 2000)。所谓安全主动性是一种类似于组织公民行为(organizational citizenship behaviors)的安全行为实践,例如主动指导新进员工了解安全规则、协助他人以使得工作中安全更有保障、主动提出安全绩效改进意见等。Griffin和Neal(2000)对这两类不同的安全行为进行了整合,并认为可以分别用安全遵守(safety compliance)与安全参与(safety participation)概念进行表述。正如Didla,Mearns和Flin(2009)所强调的,遵守安全规则对提升安全绩效十分必要,但是组织同样需要员工个人主动参与到安全管理实践过程中,员工的安全参与过程对安全绩效改进同样意义重大。后期学者们研究员工安全行为时,多数采用Giffin和Neal(2000)提出的安全行为二维框架开展相关研究(Clarke, 2006; Neal & Griffin, 2006)。

在安全管理研究中,众多学者致力于人因失误与人的不安全行为研究,并提出相关的人因失误模型解释安全事故发生过程及安全行为在其中的作用。基于文献梳理，目前学者们基于不同研究视角提出的较为成熟的人因失误模型可以用表 2.1 进行概括。

表 2.1　人因失误模型研究梳理

研究视角	研究者	时间	模型
微观视角：	Wickens & Flach	1988	四阶段信息处理模型
聚焦个体认知机制的差异	Rasmussen	1982	决策制定过程中的技能—规则—知识模型
宏观视角：	Edward	1972	SHEL 模型
强调系统层面情境因素	Reason	1990	通用失误模型理论
对个体的影响	Moray	2000	社会—技术失误模型

资料来源：Reinach S, Viale A. Application of a human error framework to conduct train accident/incident investigations. Accident Analysis & Prevention, 2006, 38(2): 396-406.

上述模型中，Reason(1990)提出的通用失误模型理论(generic error modeling system，亦被称为“瑞士奶酪模型”)得到最广泛应用。瑞士奶酪模型认为，组织中安全事故的发生是四个层面因素共同作用的结果，分别为组织影响、不安全监督、不安全行为前兆、不安全行为，每一层面可以用一片奶酪表示，每片奶酪中存在一个空洞表示各个层面防御系统中存在缺陷与漏洞，这些空洞位置与大小持续变化，当四片奶酪中的空洞排列于一条直线上时，就会形成“事故机会通道”，继而导致安全事故的发生，瑞士奶酪模型的直观解释如图 2.1 所示。Reason(2000)认为在复杂的社会—技术系统中，只有人为失误、技术失效等多种因素在时间上重合，才可能导致安全事故的发生，所有这些因素都是事故的贡献因素(contributing factors)。Reason(2000)进一步将导致安全事故的原因分为显性失效(active failures)与潜在失效(latent failures)两种，显性失效是指由人的不安全行为或者不当行动(如人为差错、违章等)引起，对安全系统具有直接但时间相对短暂的影响，而潜在失效多数存在于管理人员中(如高层管理者不合理的决策)，这类因素一般较为隐蔽，影响持续时间较长，对事故影响具有间接性，却往往是致命的。

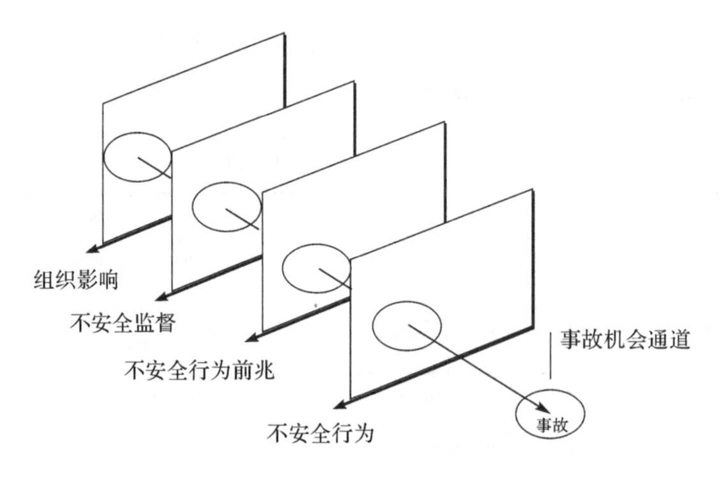

图 2.1 安全事件瑞士奶酪模型

瑞士奶酪模型对人因失误致使安全事故发生的作用机理进行了直观的描述,但是并未对不安全行为进行详细定义,无法在安全事故发生前及时纠偏,对安全管理实践指导作用有限。一些研究者力图对人因失误的分类框架与事故分析方法进一步完善,如 Shappell、Wiegmann 和 Fraser(1999)在"瑞士奶酪模型"基础上进一步提炼出人为因素分析与归类系统(human factors analysis and classification system, HFACS),该模型框架针对"瑞士奶酪模型"描述的四个层次,进一步明确了不同层面失效的具体表现。该模型框架自提出以来,在民用航空事故分析(如张凤等,2007)、铁路事故调查(Reinach & Viale, 2006)等多个领域得到应用。

有效识别可能对安全行为产生影响的前端变量,是提升安全预警机制可靠性、及时防范可能存在的不安全行为、最终改进安全绩效的重要路径。学者们基于不同研究视角需要,提出了众多可能影响个体安全行为的因素,但归纳起来,基本上都可以用个体因素、团队因素、组织因素进行概括(Griffin & Neal, 2000; Mullen, 2004)。

(1)个体因素。风险感知、乐观偏见、心理权衡以及"强人综合征效应"通常被用于在个体层面解释对安全行为决策的影响。风险感知(perceived risk)对个人安全行为有重要影响,Cree 和 Kelloway(1977)在一项研究中发现,感知到的事故暴露水平对个人行为有重要影响,尤其当个人存在安全事故或伤害的切身体验时,风险感知水平也会相应增强,这与 Nekin 和 Brown

(1984)提出的“个人事故历史”(例如目睹或者听闻安全事故)会影响个人风险评价的观点一致。进一步的,Harrell(1990)发现个人风险感知水平与安全行为实践间存在高相关关系;Weinstein(1988)发现,风险感知敏感性(perceived susceptibility to risk)、感知威胁严重性(perceived seriousness of a threat)、感知行动成本(perceived cost of adopting an action)均会对个人安全行为决策产生影响。

乐观偏见(optimistic bias)是影响个人安全行为决策的另一重要因素。多项实证研究结论表明,过度自信会影响个人的风险感知水平,进而对个体的安全行为决策和安全行为选择产生影响。一般而言,乐观偏见与安全行为间存在负向关系,高乐观偏见的个体更容易产生不安全行为倾向(Dillon & Tinsley, 2008;Dillon et al., 2011, 2012)。

心理权衡(psychological bargaining)也会对个体安全行为决策产生影响。心理权衡指个体安全决策会受到成本—收益评估的影响,当个体认为不安全行为的负面影响(承担安全事故风险)低于正向收益(如更有效率、收益更好等)时,则个体认为不安全行为决策对自己更加有利,更不可能产生积极的安全行为实践(Mullen, 2004)。

“强人综合征效应”(macho or tough person syndrome)同样会对个体安全行为产生影响。所谓“强人综合征效应”是指对工作场所中的一部分人而言,维持个体在工作场所中的“强人”形象是极为重要的,例如 Mullen(2004)在一项关于员工对临近事故态度的访谈调查中提到,部分员工之所以拒绝穿戴安全防护设备是因为担心受到同事的嘲笑,他们甚至认为承担额外的风险是个体提升自身形象、得到更多组织认同的必要手段。

(2)团队因素。在团队层面,直接主管的影响以及团队的安全亚文化是影响个体安全行为决策最重要的两类因素。直接主管对员工安全行为产生直接影响,根据 Zohar 等(2008)的研究,在现代复杂的社会—技术系统中,团队成为主要的工作任务组织形式,直接主管由于与员工间存在直接的领导—成员交换关系,其安全行为实践对员工安全行为价值认知有着直接且重大的影响,而高层管理者只是发挥有限的作用。

另外,团队的安全亚文化对员工安全行为决策同样会产生重要影响。

例如，Zohar 等学者发现团队安全氛围感知能直接影响员工对安全行为的态度与价值判断（Zohar，2000；Zohar & Luria，2005；Zohar，2008）。而 Mulle(2004)在一项关于员工对临近事故态度的访谈调查中也发现，个体安全行为决策会受到周围同事安全态度的影响(Mullen，2004)。

(3)组织因素。在组织层面，角色超载、社会规范、组织安全范围以及领导风格常被用于解释个体安全行为决策和安全行为选择。

角色超载(role overload)指因为个体承担相应角色所需资源、培训、时间等不充分使得绩效受到影响的程度。角色超载往往与目标冲突相关，例如 Hofmann 和 Stetzer(1996)在一项研究中发现，当员工面临绩效压力时，会导致个体感知到角色超载，因此往往选择采用捷径方式(short cut)完成工作任务，放弃遵守安全行为规范的相关要求。

社会规范(social norm)是一种群体行为准则，社会规范理论认为个体行为受到所属社会群体中他人观点、行为的影响(Schultz et al.，2007)，这一过程亦被称为员工的社会化过程。当员工成为组织中的一员，组织安全文化、同事做事风格等都持续传递着本组织对安全行为表现的价值认知与态度，个体安全行为决策将受到组织社会规范的同化与影响。

组织安全氛围(organizational safety climate)表示员工对组织内安全行为与安全角色是否受到组织支持与鼓励的共同认知与看法，组织安全氛围一般与高层领导者对安全目标的支持与承诺相关，多项实证研究表明组织安全氛围水平高低是影响员工对安全行为价值判断的重要因素，继而对员工安全行为决策产生影响(Zohar & Luria，2004)。

领导风格(leadership style)是影响员工安全价值感知的重要前端变量。Zohar(2002)通过实证研究发现，领导风格会影响员工对安全的关注程度，尤其是领导在行为实践中表现出的对安全的关注程度，是决定员工安全价值感知与安全行为决策的重要因素。相对于交易型领导而言，变革型领导更加注重领导—成员交换关系，在不同情境下表现出领导实践的一致性，且关心员工职业安全与身心健康，因此会对员工安全价值判断及后期的安全行为决策产生更加积极的影响。

第三章 安全事故预防中的临界事件

早期安全管理中，研究者和从业人员都关注到一个安全金字塔模型（见图 3.1），这就是美国安全工程师海因里希在 1931 年《安全事故预防：一个科学的方法》一书中提出的著名的“安全金字塔”法则。通过分析 55 万起工伤事故的发生概率，该法则认为，每一起严重伤害事故的背后，通常有 29 起轻伤害事故，300 起无伤害惊险临近事故，及大量不安全行为与不安全状态的存在，它们之间的比例为 1∶29∶300，也就是说严重伤害事故并非瞬间发生的，是在大量不安全行为状态、临近事故以及轻微伤害事故积累的基础上发生的。

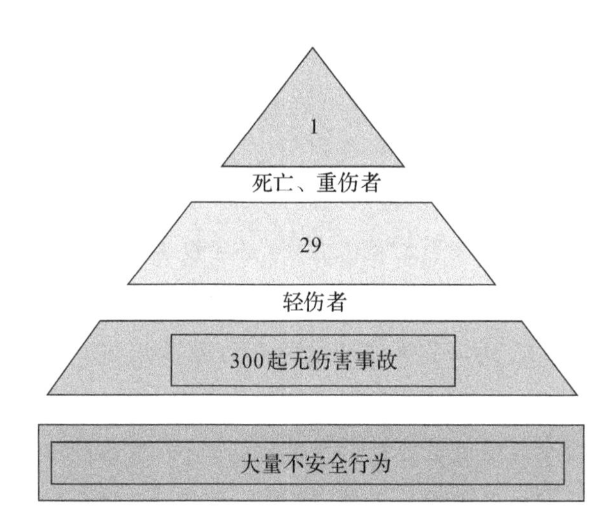

图 3.1 安全金字塔

资料来源：Heinrich H W，Roos N，Petersen D. Industrial accident prevention：A scientific approach. New York：McGrawHill，1959.

大量的事故分析表明,如果管理者能够根据各类风险隐患揭示的线索积极应对,很多事故也许可以避免。1986 年,美国“挑战者号”航天飞机升空 73 秒后发生爆炸,七名宇航员全部遇难。根据调查这一事故的总统委员会的报告,爆炸是由发射时气温较低,位于飞机右侧固体火箭推进器两个底层部件间的一个 O 型密封环失效所致。事实上,在航天飞机起飞前,工程师们已经数次报告过该隐患,但是并未引起负责决策的 NASA 官员的重视,因为在这之前“挑战者号”已经成功发射过 9 次,从未出现过 O 型密封环失效的情况,因此官员认为这次的情形并不值得担忧(Phimister et al., 2000)。1997 年,印度斯坦石油化工有限公司的 HPCL 炼油厂发生特大火灾爆炸事故,导致 60 多人丧生,超过 10000 吨石油制品燃烧或者泄漏到大气中,直接财产损失高达 1.5 亿美元。事故调查结果表明,爆炸是由运输管道长期遭受腐蚀所致。尽管事故发生前已经有报告向上层反映该问题,却未引起相关部门的任何回应(Phimister et al., 2000)。1999 年,两列火车在英国伦敦帕丁顿(Paddington)站附近相撞,造成 31 人死亡,400 多人受伤。然而根据事故调查报告的结果,1993—1999 年,在事故发生地点附近已经发生过八次与本次事故原因相同的差一点发生事故的情况,只是因为没有真正发生过一次相撞事故,因此从未引起相关单位的重视(Phimister et al., 2003)。2001 年,美国发生“9·11 恐怖袭击事件”,一系列袭击导致超过 3000 人丧生,并造成数千亿美元的直接和间接经济损失。调查结果显示,联邦调查局信息追踪系统过于落后,以致难以输入“飞行学校”“飞行训练”这样的词提前获取充分信息判断是否存在恐怖袭击意图,是导致这次灾难的重要因素。而事实上,1993 年就已经发生过一次针对世贸中心的恐怖袭击活动,时隔多年,联邦调查局信息追踪系统却从未得到有效改进(Cooke & Rohleder, 2006)。

从这些灾难事故中可以发现一个共同特点,即灾难性事故的发生并非毫无征兆。在一起灾难事故发生前,通常会发生很多微小的无伤害无损失事件,这些微小的无伤害无损失事件亦被称为临近事故(near misses),它们本应成为及时发现安全隐患、提升安全系统稳定性与可靠性的有效线索,却因为被组织忽视而难以真正发挥其功效。

如定义所描述,典型的安全临界事件包括事件发生场景、作业/操作流程、错误或失误发生的过程、错误可能造成的负面结果,以及未造成事故和伤害的影响因素等。学者们对安全临界事件是否需要包括个体主观体验存在不同的意见,对安全提出了分类框架,其中一些包括主观体验,而一些并不需要当事人的主观体验。例如,Jones等(1999)基于结果的差异,将临近事故分为:(1)延伸的临近事故(extended near misses),这一类安全事件若不能得到及时干预将会导致安全事故,其结果能够在时间、空间范围延伸,不仅对组织中个人产生影响,更会威胁整个社区及环境。在欧盟,化工行业被要求及时向监管部门报告此类事件,以利于其他组织吸取教训。(2)第二类临近事故,这一类临近事故指一类高风险情境,能够导致个人安全事故。所谓个人安全事故即牵连在内的个人或小团体受到事故伤害,但对整个社区或环境影响有限。Dillon等(2012)基于趋近安全事故的程度,将临近事故分为:(1)有弹性的临近事故(resilient near misses/could have happened),这一类临近事故尽管存在发生事故的风险,但是很幸运并未发生任何安全事故;(2)脆弱的临近事故(vulnerable near misses/almost happened),这一类临近事故尽管未发生任何安全事故,但是存在几乎发生的风险。两类临近事故主要区别是第二种更加强调"几乎就要发生事故"的迫近状态。而Reason(1997)基于信息反馈类型的不同,提出临近事故的二维分类框架:(1)在积极反馈下,积极采取预防措施或者努力使得安全系统得以平稳运行,有效规避临近事故转化为安全事故的可能;(2)在消极反馈下,不存在任何预防措施,只是在运气作用下才未发生安全事故。尽管对于是否存在主观体验研究者对临界事件的定义存在很大的差异,但是在研究中描述临近事故一般都有主观体验的陈述。

> 1. 某建筑工地临近事故情境:小王是所在单位的一名建筑工人,经常需要在十几米高空的脚手架上工作。单位规定,高空作业有一定风险,必须佩戴安全带,不准在没有任何防护措施情况下进行高空作业,小王一直遵守此项规定。

临近竣工日期，单位要求所有员工加班加点工作，小王每天的任务量也增加不少。为了按时完成工作，最近小王在高空作业时没有系安全带，因为这样工作更加方便快捷，小王还因为工作效率的提高获得单位5000元的奖励。只是有几次因为没有太注意，差一点踩空，刚好都有同事从身边经过，及时拉了一把，才没有摔下去。

2. 某汽车饰品制造工厂临近事故情境：小王是所在单位的一名生产工人，工作内容的一部分是操作粉碎机进行废料粉碎。按规定，粉碎机入料口是比较危险的部位，在作业中必须使用木棒将废料塞进入料口，严禁用手直接填塞，小王一直遵守此项规定。

临近销售旺季，公司要求所有车间加班加点生产，小王的工作量也增加不少。为了按时完成生产任务，最近小王通常会直接用手将废料塞进入料口，这样操作更加方便快捷，小王还因为工作效率提高获得公司5000元的奖励。只是有几次因为没有太注意，手指差一点就被入料口的风扇绞伤，幸好有同事刚好在旁边及时停下了机器，否则可能已经出事了。

安全临界事件冲击了组织的安全屏障，提示了安全屏障的薄弱环节，非常有助于安全隐患的识别和排查，而对安全隐患的排查是预防事故最有效的手段之一，对安全临界事件的分析具有非常重要的实践意义。企业从临界事件中获得信息以调整完善安全管理的过程，需要员工个体水平上临界事件的经验被有效地识别和传播，对安全临界事件的风险认知过程和上报过程的系统研究可能提供有价值的理论启示。尽管安全临界事件近年得到了一些研究者的关注，但已有的实证研究没有从组织情境嵌入的视角对临界事件风险识别和汇报或隐匿过程及影响因素进行深入的分析，而组织从临界事件中获取安全信息不是自动触发的过程，个体安全临界事件的风险识别和汇报存在组织及个体水平的促进或抑制因素，这些因素将影响组织从安全临界事件中可能获得的收益。该研究拟对安全临界事件的识别和汇报过程进行研究，并探索个体层面认知、动机和自动加工层面的特征，以及组织及班组层面的环境氛围变量对安全临界事件的作用模式。

研究者认为从事故中获得安全信息是一种成本高昂、学习机会少的低效方式。相对于安全事故而言,安全事件通常发生的频率很高,根据研究者提出的"金字塔模型"推测(Heinrich,1959),组织中严重安全事故、轻微安全事故、安全事件的比例为1∶29∶300。研究者提出"冰山隐喻"认为安全事故只是冰山露出水面的一角,而组织更常面对的是发生频繁的各类安全隐患,尚未导致安全事故,但是向组织传递安全系统存在风险的信号(Manuele, 2011),因此关键问题是组织是否有能力利用这些信息及时学习调整以提升安全屏障。在此意义上,安全临界事件可能具有特别重要的安全信息提示价值。临界事件是指一类因偶然概率因素而未发生实际伤害或损失的安全事件,但是若环境稍有变化,极可能转变为安全事故(Dillon et al, 2012; Dillon et al., 2014; Dillon et al., 2016)。安全临界事件在很多生产行业中大量存在,英国石油公司在2010年墨西哥湾重大漏油事故之前事实上已经出现过多次采油渗漏事件,但因为风向及渗漏时恰好没有出现焊接作业而没有发生事故(Tabibzadeh & Meshkati, 2014)。

在安全临界事件的界定上,研究者提出了不同的描述方式,因此对临界事件概念内涵的厘清变得非常必要。一些研究者基于化工行业的案例分析和总结,将临界事件定义为一种并未发生任何实际伤害,但是条件稍有不同就可能导致事故发生的一类安全事件(Phimister et al., 2003),研究者强调判定临界事件需注意两个条件,即:(1)安全临界事件不是事故,并未造成伤害和损失,并且不同于一般意义的安全事件;(2)临界事件意味着安全屏障受到冲击。一项关于航空管理的报告提出,航空管理中安全临界事件指出现安全警报但并未发生任何实际事故、没有造成任何伤害的安全事件(Morris & Moore,2000)。其他一些研究中对临界事件的界定也包含"接近发生事故"和"并未发生伤害"这两个方面的特征(Dillon et al., 2012; Dillon et al., 2014; Dillon et al., 2016)。

临界事件与"事故前兆"(precursor)、"事故直接诱因"(immediate factor)等相关概念既有联系也存在显著的区别。首先,很多事故调查报告结果发现在安全事故发生前存在前兆信号,事故前兆一般被定义为"导致安全事故发生的条件、事件或程序,被视为事故的构件",而临界事件伴有明确的体验(Tamuz et al., 2004),但事故前兆未必会引起个体体验。其次,安全临界事件也不同于事故直接诱因，直接诱因是导致安全事故的直接因素，Gabor 和 Pelanda(1982)将直接诱因定义为导致安全事故发生的直接原因，通常包括不安全条件和不安全行为，并且事故直接诱因是在已发生安全事故的基础上的追溯，而临界事件是实际上未对组织安全绩效产生任何破坏的安全事件。基于文献中的表述可以发现，尽管在表述方式上存在一些不同，但安全临界事件在界定上包含两个要素：(1)很大的概率出现安全事故；(2)由于偶然因素事故并未发生。安全临界事件可被视为一类特殊、可能提示安全屏障边界的安全事件。

安全临界事件被认为是一类非常好的先导指标(Gnoni et al.,2013)，能有效提示预防事故的信息(Drupsteen & Guldenmund, 2014)，是发现和排查安全隐患以预防事故的重要入手点(Tamuz et al., 2004)。安全隐患的发现和排查是预防事故最有效的手段，但大量潜在安全隐患缺乏明确的线索难以被觉察，而安全临界事件冲击了安全屏障的边界，并伴有明确体验，这种“差一点就出事”的状态相对明确地揭示了可能导致事故发生的链条和逻辑，因此理论上组织从临界事件中进行学习以预防事故发生是一种成本较低并且可能导致显著效果的学习方式(Jeffs et al., 2012)。但组织从安全临界事件中获得明确的信息并不是自然发生的过程，个体的临界事件经验既可能没有被充分认知，也可能没有被有效传递，研究者发现临界事件中学习并没有在企业中成为一种安全管理的惯例(Drupsteen & Guldenmund, 2014)。沃顿风险管理与决策研究中心提出了临界事件学习的框架模型，及组织进行临界事件学习的七个逐层递进的步骤，包括辨别、报告、优先与扩散、原因分析、确定解决方案、信息传播和落实(见图 3.2)。

美国宾夕法尼亚大学沃顿商学院风险管理研究中心对安全临界事件的研究成果包括了研究报告、各类论文和出版物、咨询报告、行业建议和安全规范指导建议等，可以看出对安全临界事件的研究不仅不局限于学术研究层面，而且已经大量深入行业的实践中，对安全管理提供咨询建议和指导。对临界事件在安全管理和事故预防中的作用和价值，安全管理实践者都已经有了充分的意识，一些国家和地区的政府机构，例如美国国家安全管理委员会、中国香港职业健康与安全管理局都列出了安全管理方面的指导建议信息，一些行业协会和非政府组织也对安全临界事件列出了行业性的管理指导和建议。

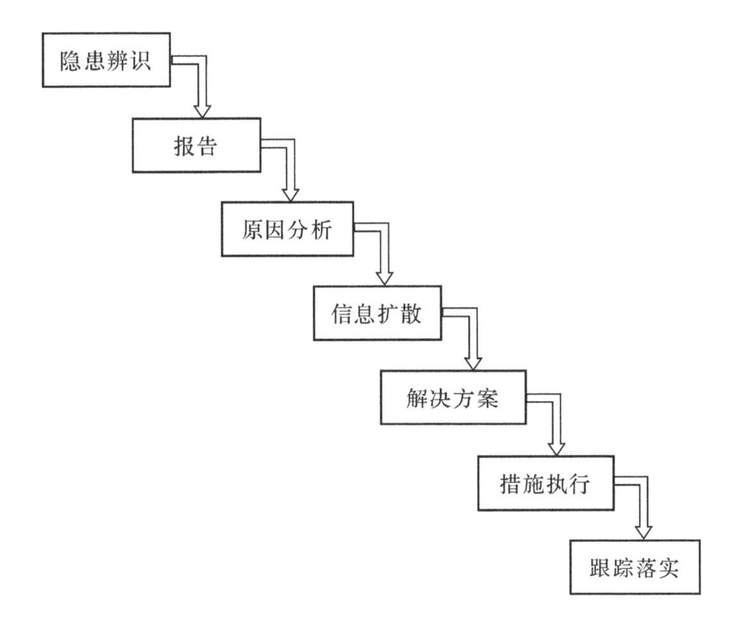

图 3.2　安全临界事件处理流程

资料来源：Wharton Risk Management and Decision Process Center，Near-miss Management：2014.

第四章　安全管理中的目标冲突与行为决策

在安全管理中经常出现的一个悖论是:“安全第一”原则在实际工作中由于各种原因往往变成了“安全最后”。管理者对安全目标优先性的认知和执行在一些理论分析中被认为是安全管理中重要的影响因素(Katz-Navon, Naveh & Stern, 2005)。因此,从目标认知决策的角度分析安全管理问题可能是一个有价值的理论探索领域。在目标管理研究中,大量研究发现对目标的认知、目标结构以及反馈方式是影响管理者决策的重要因素(Colbert et al., 2008; Hirst, van Knippenberg & Zhou, 2009; Janssen & Van Yperen, 2004; Schweitzer, Ordonez & Douma, 2004; Seijts et al.,2004)。对目标研究的关注可以追溯到 McCleland 提出的“内在动机”(internal motive)概念,在行为主义研究思维主导的时代,McCleland 革命性地提出应当关注行为主体的内在动机,除外部条件化以外,目标本身即具有激励作用(McCleland 等,1953)。而在管理实践领域的目标管理学说影响最大的学者应是德鲁克,他提出的目标管理理论对管理实践产生了非常深刻的影响。

近年来管理学相关领域研究者对目标理论逐渐产生了浓厚的兴趣,研究者从目标设置、目标导向(goal orientation,包括 learning goal 和 performance goal)、目标承诺、目标接近、反馈、期限、自我管理等多个方面对目标及其后效进行了广泛的研究。在单一目标情境中目标设定和投入对工作绩效关系的研究取得了很大的进展,其中一些研究结果对安全管理可能也深有启发。例如,研究表明,给工作者设定目标,比不设定特定目标而只是强调“尽最大努力去做”,将产生更高的工作绩效,元分析结果表明其 0.95 置信区间的效应值在 0.42～0.80(Locke & Latham, 1990)。但是对于目标难度与绩效之间的关系研究者还未达成共识。一些研究者认为目标难度与绩效之间存在一种倒U形关系,即难度适中的目标导致最高的绩效,过于容易或过于繁难的目标导致较低的绩效(Atkinson, 1958),但另一些研究者认为两者之间存在一个线性的正相关,除非目标难度远远超过工作者能力范围(Erez & Zidon, 1984)。另外,研究者还探讨了一系列目标设定的相关变量与工作绩效之间的关系,重要的变量包括目标投入(Seijts & Latham, 2000)、目标重要性(Hollenbeck, Williams & Klein, 1989)、自我效能(White & Locke, 2000),以及进展反馈(VandeWalle, Cron & Slocum, 2001)。

在目标管理的学术研究领域,已有研究围绕单一目标情境下的问题展开探讨,较少涉及多重目标情境,但在日常工作中,管理者经常需要同时面对多种目标,例如一家企业的CEO必须在股东利益最大化、员工福利、消费者服务和社会效益等多重目标之间取得合理的平衡。在安全管理领域,管理者经常面临的问题就是如何在有限的各类资源条件下,实现安全目标和产量/进度目标及成本控制目标之间的平衡。近年来在社会心理学领域开始对多重目标现象进行比较深入的理论探讨和实证研究,最近5年多重目标情境下的认知决策机制研究尤为活跃。Schmidt和DeShon(2007)的研究发现多重目标之下,与目标状态之间的差距决定了在该目标上的时间投入,但当目标非常接近时这一关系反转,即在更为接近的目标上投入更多时间,并且投入还受到外部奖励以及目标趋避结构的影响。随后的一项研究检验了环境特征与个体差异变量对目标差距与目标之间的投入分配关系的调节作用(Schmidt, Dolis & Tolli,2009)。基于已有多重目标理论的研究结果,Vancouver等(2010)提出了一个多重目标的计算模型,通过多个目标的目标差距及反馈通路,对目标选择和投入进行预测,模拟方法显示该模型与现有多重目标实证研究结果一致。Vancouver模型对安全管理中的安全目标投入决策有极好的启示意义,例如该模型能够更好地解释前期安全管理领域研究者发现的一个现象:施工项目的进程中在安全上的资源投入存在一个U形曲线,即在项目进展处于中期时安全投入最少,事故和伤害的发生率也相对最高(Humphrey et al., 2004)。

安全目标与其他经济或产出目标的冲突可以从很多事故分析中看到端倪。2015 年 6 月 1 日 21 时 30 分，载有 400 余名乘客的客轮“东方之星号”，在从南京驶往重庆途中遭遇龙卷风，突发倾覆，在长江中游湖北监利水域沉没，船上 454 名乘客中仅有 12 人获救。据现有多家媒体的报道资料，事发地长江河段江面上突发的 12 级龙卷风可能是造成此次特大水上交通事故的直接原因。但人们还是不禁追问，“东方之星号”搭载数百名旅客在雨夜中航行是否合规？有没有可能通过有效的举措和管理手段，让“东方之星号”可以躲过这场灾难？“东方之星号”的惨痛的教训可以给安全管理工作带来怎样的启示？从安全管理的视角，“东方之星号”沉没事件与各其他涉危行业生产安全事故在性质上是共通的，本书将从构建高可靠性安全管理体系的视角，运用组织安全氛围、目标冲突决策和注意聚焦模式等目前学术界主要的安全管理理论，剖析“东方之星号”沉没事件对涉危行业安全管理工作的警示，并提出构建高可靠性组织安全管理系统的举措和建议。

事故之后沉船的直接原因被很多报道归结于突发的 12 级水龙卷。但为何对龙卷风没有预案，一些报道引述了气象专家的观点：与美国的气象特征不同，我国发生龙卷风，尤其是内河发生龙卷风的概率非常小，因此在气象检测上也没有单独针对龙卷风的预警，公众比较缺乏龙卷风的防御知识。6 月 1 日 21 时 10 分左右气象部门发出暴雨天气预警，尽管不是针对龙卷风的预警，但“东方之星号”仍然可以选择在风雨交加的夜晚航行。资料显示，同样的天气条件放在海上客轮是需要禁航的，但在内河航运，由于各类极端的天气状况发生的概率很低，其管理规定就相对宽松，在很多气象条件下客轮仍可以自行选择是否继续航行。

根据事故各类报道揭示的资料，当“东方之星号”从南京出发时，另有一艘与其行程几乎完全一致的客轮“长江观光 6 号”也几乎同时出发，并且在航行中两艘船也不时相遇，但在事故发生的当晚，当接收到气象预警之后，“长江观光 6 号”选择了停泊在监利附近，“东方之星号”则选择冒险继续行航。不同的选择最终导致了两艘客轮上几百名乘客的不同命运。

“东方之星号”沉船事故导致的质疑是，既然收到了天气预警，冒雨夜航可能存在较大的潜在风险，为何“东方之星号”没有像很多其他船只一样选择在附近口岸停泊避风呢？资料显示，“东方之星号”上的大部分乘客均为同旅行社签订了协议的游客，旅行社将船期安排得非常紧凑，行程均为白天靠岸游览、夜间航行，旅行社在协议中将各个环节的时间都明确列出。按照旅行社的行程表，“东方之星号”需要在6月2日即事故发生的第二天停靠荆州，游客上岸游览荆州古城。由于轮船不同于飞机，速度较慢，由避风耽搁的时间很难通过后面提高航速赶回来，因此途中抛锚肯定影响次日的行程，并且行程的耽误也可能导致游客的投诉和旅行社的损失。因此我们推测，基于现实经济目的考量，“东方之星号”在事故当晚做出了一个冒险夜航的致命决定，最终造成特大水上交通事故。

从这一点分析来看，“东方之星号”沉船事故值得很多组织深入反思。在产出目标与安全目标冲突中自觉或不自觉地忽视安全生产目标而导致安全事故的案例层出不穷。如何在有限的各类资源条件下，实现安全目标和产量、进度目标及成本控制目标之间的平衡是每个管理者都需要面对的问题。佩罗在其对安全管理影响深远的《高风险技术与“正常”事故》(*Normal accidents: Living with high risk technologies*)一书对发生在美国的一些水面航行事故的分析中提到经济压力会导致冒险行为，能否正点是公司评价船长工作绩效的重要标准，这与“东方之星号”事故所面临的问题几乎如出一辙。在日常多重任务目标下，组织管理层在其隐含认知中常将安全目标视为与其他重要目标相竞争的目标，由于目标即期性、趋避性上的差异，更多的情形下管理层会选择性地低估安全风险，减少安全投入，忽视甚至故意违反安全规程，寻求所谓提高效率的“捷径”，导致事故发生的可能性大大增加。在安全目标与产出目标冲突时如何矫正组织认知偏差，保证组织对安全目标优先性的认知和执行也是目前安全管理理论研究中一个重要的议题(Katz-Navon, Naveh & Stern, 2005)。

安全目标与其他目标的冲突是“东方之星号”沉船事故的重要因素，另外资料也显示安全文化可能在风险目标选择中起到了催化剂的作用。因此，除了目标选择上的思考，“东方之星号”沉船事故在安全系统打造和安全文化营造方面也给我们带来很多启示。佩罗的常态事故理论指出，现代技术系统复杂性的扩张导致系统模块之间紧密耦合、模块间交互作用不可预期，使得完全杜绝事故是不可能完成的。“东方之星号”的倾覆和沉没事故当然可能与江面罕见的龙卷风直接相关，正如常态事故理论所描述的，可能是龙卷风、重心较高的船体、匆忙的转向等因素以超出预期的方式交互作用导致船只的倾覆。事故的责任分析并不在本书的探讨范围之内，如何从事故中吸取教训以推进安全管理才是管理者需要关注的问题。虽然内河航运中龙卷风可能“不可预期、百年罕见”，但企业应提升自身安全管理水平以应对各类可能出现的极端情形，将自身打造成为一个“高可靠性组织”。

相关管理部门必须重新审视如何制定安全标准、提高监管有效性来形成整个行业良好的安全文化和安全氛围。例如对于船舶的改造、检修的标准是否应该更加严格和具有针对性，相关监督部门的检查力度是否到位，天气预警系统是否应该加以改进，针对旅行社、游客、船舶公司之间的利益该如何界定划分，这都影响着整体安全文化和安全氛围的形成。其实不只是航运业，其他涉危行业也处于同样的情况，个体组织总是分散，需要有一个整合的力量来起外部监督的作用，这对于一个行业的安全氛围和安全文化的形成至关重要。

然而政府的外部监管可能会提升行业安全氛围，有效减少企业在安全生产中的投机行为，但完全依靠监管并不能完全杜绝事故的发生。在监管制度化和常态化之后，企业自身的安全管理能力将成为整体安全生产状况从“追求合格”阶段向“追求卓越”阶段跨越的关键因素。早期的安全管理研究多是就事论事，即大多围绕事故本身、人因错误及安全文化等出发思考企业安全问题，而近年来越来越多的研究者开始从组织本身的可靠性出发，认为任务组织本身的可靠性是事故发生及安全管理问题的更深层次原因。

Weick，Sutcliffe 和 Obstfeld（2001）在“高可靠性组织”（High Reliability Organization）理论中提出，相对于生产中人—机—环境复杂系统可能产生的各类变异，现有的安全规程是无法覆盖所有因素组合情形的，组织需要具备一定程度的反馈和调整能力，保持高可靠性，而提高心智投入水平被当作实现高可靠性组织的一种路径，它强调管理者要时时刻刻保持警惕心，全神投入。它强调一种环境的动态性和可变性，高度关注失败的情形，从而可以在任何意外发生之时迅速做出反应，进而保证高可靠性。在高可靠性的组织中，管理者必须平衡生产目标和安全目标之间的关系，健康地追求企业效益，健全行为稽查体系，时刻保证安全投入不打折扣，排除任何一个潜在的威胁；同时还应引导每个组织成员提高心智投入水平，保持对简单化的抵制和对专业性的尊重，永远考虑着失败的情景，这才能让个人于“万一”环境中保持高度警觉，做出正确反应。

总而言之，目标选择是安全管理研究中一个长期被忽视的重要议题，大量事故的直接原因与决策者在面对多重目标决策情境中对风险判断的偏差问题有关。对多重目标下的决策机制的分析可能有助于理解领导者在安全决策中的认知和行为方式，而安全氛围的研究显示管理层对安全目标的重视程度是安全氛围的重要维度，因此未来对安全目标选择机制的研究可能为深度分析安全行为机制提供有用的思考框架，而实践者则应当重视在考核等制度设计上安全目标与其他产出目标的均衡设计，使安全目标能够引起员工的足够重视。

第五章　安全临界事件的反事实思维

经验导致决策者的过度乐观在各类安全事故中反复出现，从大量事故后追踪报道中都可以看到决策者依赖经验导致过度乐观的报告。1996 年发生在珠峰的山难是登山史上著名的一次事故，这次山难导致世界知名登山家霍尔和费希尔以及其他 7 名队员死亡。由于商业宣传目的，这次登山获得了媒体的关注和报道，因此事故相关资料，尤其是可能反映当事决策者心理和行为方面的资料都非常丰富。在这次山难发生之前，领队过度乐观的态度在各类报道中都可以见到。例如，费希尔认为，“……（冲顶珠峰）是一项百分之一百可以成功的事情”，霍尔给出了一个让人瞠目结舌的形容，“……（通往珠峰的道路）几乎是金砖铺平的坦途”。正是这两位登山家在过去的一次次成功经验上所形成的乐观，导致他们忽视环境中可能存在的危险信号，做出多个错误的决策而最终造成不可挽回的结果。

事实上无论是航运业还是其他涉危的行业，每一次大事故的酿成都不是一次“倒霉的”偶然，大量的事故调查报告、学者提出的理论模型都表明，很多安全事故发生之前通常会出现一系列安全事件，包括各类隐患信号、事故征兆等，关键在于决策者是否能够准确地辨别信号并做出合理的判断。Weick 等（2008）在美国海军“卡尔・文森号”核动力航空母舰编队的长期跟踪研究中发现，如果决策者有足够的“安全警觉”（mindfulness）水平，即使在充斥各类高风险技术的核动力航母编队中，也可以保持长时间的安全绩效水平。航母上各类工作人员在起飞、着陆、装弹、卸弹等过程中都是时刻保持高度的警觉状态，并不因为一次次成功而认为下次操作的顺利理所当然。安全警觉使决策者能够时刻察觉危险的信号，而基于经验的乐观则可能导致“自动化加工”“代表性启发”等决策偏差，从而导致严重的事故。1986年“挑战者号”航天飞机爆炸事故发生原因经调查是发射时气温较低，导致位于飞机右侧固体火箭推进器两个底层部件间的一个O型密封环失效，这一隐患之所以酿成大祸，是因为专家认为此前从未发生过O型密封环失效的情况，所以程式化地认为此次也不会有问题(Phimister et al.，2003)，但是后来发生的事故恰好就是决策者认为出现概率极低的情形所导致的。领导者的认知和决策在这里扮演着一个至关重要的角色。

安全事件单环、双环学习理论认为学习水平的差异是能否有效识别安全隐患、提升安全系统可靠性的重要因素(Cooke & Rohleder，2003)。Niekerk和Solms(2004)将单环、双环学习理论引入安全事件学习过程，单环学习强调短期导向，聚焦于显性信息的利用，从而及时纠正明显的行为偏差和弥补安全漏洞，而双环学习则探索显性信息或行为背后的内在根源，包括对基本规则、政策、体系与过程的有效思考与系统重构，以保证安全体系长期稳定与可靠。两类学习的差异如图5.1所示。

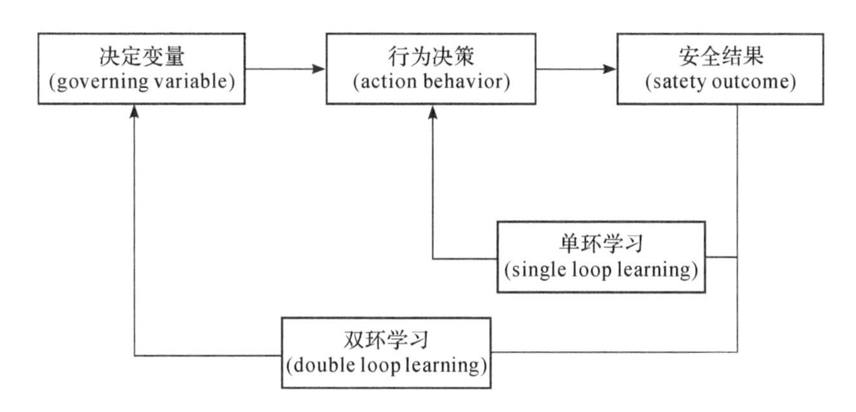

图5.1　安全事件单环、双环学习模型

资料来源：van Niekerk J，von Solms R. Organisational learning models for information security，the information security South Africa(ISSA) Enabling Tomorrow Conference，2004.

临近事故数量多、发生频繁，而且反映了“差一点出事”的状态，并未对组织造成任何损失，对其反思被视为最有效和最经济的一类安全学习手段。临近事故为审视组织安全系统可靠性、提升安全绩效提供了大量有益的信息线索,如何从临近事故信息中学习,有效预防安全事故的发生,成为安全管理研究领域的重要议题(Chen, Wu, & Zhang, 2012)。Van Der Schaaf (1992)在化工行业中对临近事故报告、分析系统进行了阐述;Phimister 等人(2003)提出组织层面对临近事故分析的七阶段框架模型等,都从理论层面对临近事故学习机制进行了探讨。但是通过文献梳理我们发现,目前关于临近事故信息学习的理论研究基本上是聚合于组织甚至行业层面的定性分析,却相对忽视基于个体层面探讨临近事故的学习机制。而任何组织学习最终的落脚点都是基于个体,但是个体对临近事故信息的学习并非易事,例如,Van Der Schaaf 和 Kanse(2004)就提出四类阻碍员工个体进行临近事故学习的因素:(1)组织的责备文化(blame culture)使员工惧怕因报告临近事故而受到惩罚,因此选择视而不见;(2)员工将临近事故视为工作中不可避免的风险,因此接受其存在的现实,认为没有必要进行学习;(3)员工在报告临近事故信息后缺少反馈,制约其进一步学习的主动性和积极性;(4)员工收集临近事故信息费时费力,也会对临近事故学习产生不利影响。Dillon, Tinsley 和 Cronin(2011)在一项研究中同样发现,不同个体对临近事故情境的信息加工水平存在差异,也就意味着个体对临近事故的学习并非完全一致,最终会对后期风险决策产生截然不同的影响。

安全事件学习理论认为安全事件学习是一个系统过程,其中的代表性研究是美国宾夕法尼亚大学沃顿商学院临近事故研究小组提出的临近事故学习框架。该研究小组提出,组织的有效临近事故学习必须经过 7 个步骤的逐层递进过程,即:辨别(identification),指识别即将发生或可能发生的事件;报告(reporting),指个人或小组对事件的报告;优先与扩散(prioritization and distribution),指评估事件并将信息传递到相关部门,以开展后续工作;原因分析(causal analysis),指基于临近事故信息,识别导致临近事故出现的原因;确定解决方案(solution identification),指确定减少事故发生可能性与有限影响的解决方案,确定修正措施;信息传播(dissemination),指相关部门采取后续修正措施,向更多的人传递信息,增强防患意识;落实(resolution),指实施并评价修正措施,并开展其他后续工作(Phimister et al., 2003)。该学习框架是一种连续性的系统流程,最终结果的有效性等于各阶段独立实施绩效的乘积。安全事件学习理论的过程框架如图 5.2 所示。

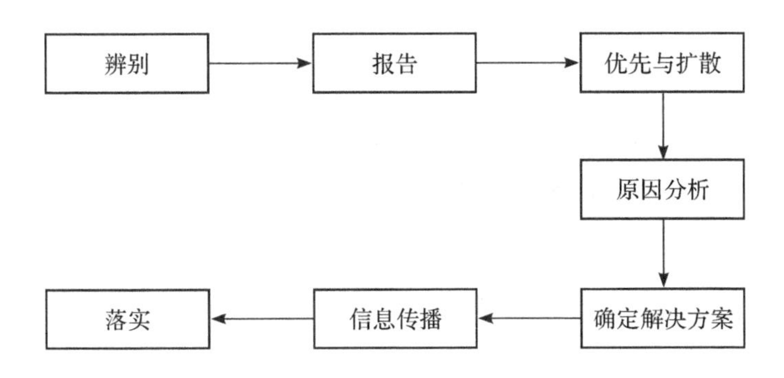

图 5.2 沃顿商学院提出的临近事故学习七阶段模型

资料来源:Phimister J R, Oktem U, Kleindorfer P R et al. Near—miss incident management in the chemical process industry, 2003, 23(3), 445-459.

认知主义学习理论认为,学习过程是个体根据自身对外界环境的认知做出的主动、有选择的信息加工过程,因此信息加工深度的差异被视为学习水平不同的重要参照标的,而精细处理可能性模型(elaboration likelihood model,ELM)则为有效理解信息加工过程提供了充分的理论依据。该模型认为个体信息加工过程存在两种不同的路径,即中心路径与边缘路径,中心路径的信息加工基于正式的规则与逻辑进行有效的推理分析,更容易抓取问题的核心与本质,而边缘路径更容易受到无关因素的干扰,倾向于问题表面信息的分析(Kahneman & Tversky, 1982)。不同信息加工路径的差异,能够为相关变量如何影响态度、决策过程提供较为完备的理论解释框架。在临近事故研究中,采用不同信息路径对临近事故信息进行加工,可能是影响临近事故学习水平的重要因素。例如,边缘路径的信息加工过程可能更容易受到临近事故情境“好的结果”的结果偏好影响,根据结果导向的简单判断,更不容易认清临近事故中的隐患信息;而中心路径的信息加工过程对临近事故情境的认知和学习可能更加透彻,更容易捕捉其中的安全隐患信息,对后期的安全行为改进和安全绩效提升具有更加积极的正向影响。

在临近事故情境中,个体信息加工水平的差异可以用反事实思维方式

(counterfactual thinking)方向的不同进行表征。临近事故情境常会激发个体的反事实思维(Dillon, Tinsley & Cronin, 2011)。反事实思维方式按照结果划分,有上行反事实思维(upward counterfactual thinking)和下行反事实思维(downward counterfactual thinking)两类。一般而言,上行反事实思维方式模拟了更好的可能性,可能诱发内疚、后悔等情绪,下行反事实思维方式则模拟比事实更坏、更糟糕的结果或情境,因此与下行反事实思维方式相比,上行反事实思维方式有助于人们更好地归因与推理,为未来做好更充分的准备(Markman, McMullen & Elizaga, 2008)。

反事实思维最早由美国著名心理学家 Kahneman 于 20 世纪 80 年代提出,通常表示在心理上对过去发生的事件进行否定而重新建构一种可能性假设的思维活动,主要以命题形式表征,包括前提与结论两部分,典型表述是"如果……,就会(不会)……;要是……,就会(不会)……"(Byrne & McEleney,2000),例如"如果我戴了安全帽,我的安全就会更有保障"。个体产生反事实思维的目的,是与周围环境建立有效联系,从中提取有价值的或者愉快的信息。从本质而言,反事实思维是个体对不真实条件或可能性进行替换的一种思维过程,正常性(normality)、结果的效价(outcome valence)、与替代结果的接近性(closeness to alternative outcome)、前提突变性(mutability of antecedents)、前提突出性(salience of antecedents)是反事实思维方式产生的重要因素(陈俊,贺晓玲,张积家,2007)。例如,相对于正常事件而言,意料之外的非正常事件更容易产生反事实思维,实际结果与意愿结果间越接近的时候,也更容易产生反事实思维(Kahneman & Miller, 1986)。

反事实思维方式包含前提与结果两个部分,反事实假设表现在前提与既定事实相反、结果与既定事实相反,或者两者均与既定事实相反,从而在心理上获得某种可能性。

根据前提的性质,反事实思维方式可以分为加法式、减法式和替换式三类。加法式(additive)反事实思维是在前提中加入假定,例如一位未戴安全帽的员工会认为,"要是我戴了安全帽,我的安全就会更有保障",这一命题的前提是在事后的思维活动中添加的;减法式(subtractive)反事实思维与加法式相反，在前提中假设某既定事件并未发生，从而对事实进行否定与重构，例如一位戴了安全帽的员工会认为，“要是我没有戴安全帽，我的工作效率应该更高”；替换式(substitutional)反事实思维假设的是与既定条件无关的其他的替换式条件，即如果前提中发生了另外一件事件就可能导致另外的结果，例如一位因不遵守安全规则导致安全事故发生的员工会认为，“要是我有更强的危机意识，就不会出现这次的安全事故了”(Roese & Olson, 1993; Epstude & Roese, 2008)，就是用危机意识条件替换了不遵守安全规则这样的既成事实。

根据命题结论方向，反事实思维又可以分为上行反事实思维方式(upward counterfactual thinking)和下行反事实思维方式(downward counterfactual thinking)。上行反事实思维也被称为“上行假设”，指某种已发生的事件，如果满足某种条件，将会产生比既定事实更好的结果，例如一位未戴安全帽也没有遭遇任何安全事故的员工可能会认为，“要是我戴了安全帽，我就不用承担可能出现安全事故的风险”，该员工想的就是不用承担可能的风险这样的比现实更好的结果；下行反事实思维也被称为“下行假设”，指在思维活动中假设一种比既定事实更坏的结果，尤其是在经历不幸、困难等情境后，个体可能会觉得他们的处境本可能会更糟糕，例如一位未戴安全帽也没有遭遇安全事故的员工可能会认为，“幸好我没有戴安全帽，否则我的工作效率就会大大降低了”(Markman et al., 1993)，该员工就假设了工作效率可能更低这样一种与事实相比更差的结果。相关研究表明，上行反事实思维方式由于将真实结果与想象中可能更好的结果比较，更容易引起人们的反思、内疚和后悔等悲观情绪，因此更有利于个体的有效学习以及后期的绩效改进；下行反事实思维方式将真实结果与想象中可能更差的结果比较，更容易产生庆幸、满足等积极情绪，使个体对现状更加满意(Roese, 1994; Davis et al., 1995; Wong, 2010)。

根据内容差异，反事实思维方式又可以分为自我导向型(self-focused)、行为导向型(behavior-focused)以及情境导向型(situation-focused)三种。自我导向型即对于尚未发生的事件而对事实进行否向型反事实思维方式，评价焦点聚焦于个体自我层面，包括人格、能力等，例如“如果我不那么粗心，我一定会发现这个安全隐患”;行为导向型反事实思维方式的评价焦点聚焦于个体行为层面,例如“如果我戴了安全帽,我的安全更有保障”;情境导向型反事实思维方式的评价焦点则聚焦于个体无法控制的外部情境因素,例如“还好今天运气不错,没有出现安全事故”(Niedenthal, Tangney & Gavanski, 1994),就是将运气作为反事实思维的关注焦点。

上述分类都是基于社会比较过程的研究(Reason, 1997),也就是说反事实思维方式的作用机制强调比较效应(contrast effect)。随后,一些学者也逐渐关注基于同化效应(assimilation effect)的研究视角对反事实思维进行分类,例如 Markman 和 McMullen(2003)提出四类反事实思维,即上行比较反事实思维方式,强调既定事实与假设可能的比较,假设可能产生更好的结果,从而导致对现状的不满,产生负面情绪体验。下行比较反事实思维方式,强调既定事实与假设可能的比较,假设可能出现更糟糕的结果,从而对现状持肯定态度,产生正面情绪体验;上行同化反事实思维方式,强调个体沉浸于更美好的假设可能中,从而产生正面情绪体验;下行同化反事实思维方式,强调个体沉浸于更糟糕的假设可能中,从而产生负面情绪体验(Markman & McMullen, 2003)。后来,一些学者对基于比较效应、同化效应产生的不同方向的反事实思维方式进行了更为清晰的界定,并提出反事实思维方式的反映和评价模型(reflection and evaluation model)(Markman & McMullen, 2003; Markman, McMkman & Elizaga, 2008)。该模型认为,个体反事实思维方式中存在反映和评价两类不同的心理操纵过程,从而导致不同方向的反事实思维方式(上行或下行),并产生不同的情绪体验。“反映”模型是经验(“似乎”)的思维模型,在个体假设的内容中,将评价标准的信息视为真实的情况并进行生动的模拟;“评价”模型在个体假设的内容中,将评价标准视为参照点,以此对照个体目前状态,并评价目前行为的有效性。

第六章 领导力与安全建议和事故学习

一些研究者认为，当今社会生活中“高风险技术系统永远常伴人类生活”(Perrow, 1984)，随着技术复杂度的大幅提高，很多现代产业中的潜在威胁风险也越来越大。基于常规事故理论(normal accident theory, NAT)的思路，安全管理的对象是一个技术高度交互(interactive complexity)、过程高度耦合(tightly coupling)的系统，而我们无法构造出一个永不出错的体系，因而对涉危行业中的组织来说，安全技术系统的完善和外部监管的加强是规避安全事故、提升工作场所安全绩效所通常采用的手段(Perrow, 1984)。在这一思路的指导下，近年来安全事故发生数呈不断下降的态势。然而，与此同时，随着监管力度的加大，特别是安全责任制和安全连坐制的推行，安全问题的不报、谎报、瞒报现象频发。

基于此，很多管理者逐渐意识到完全依靠技术和制度的思路难以解决问题，根据高可靠性理论的思路，安全管理应当通过导入领导的作用来精简结构以鼓励员工参与，促使员工对工作安全时刻保持警惕的同时，发现问题并提出建议，从而使组织系统在持续迭代的过程中实现安全优化。基于上述思路，后来的安全管理者和研究者一致认为，避免工作场所安全事故、提升安全可靠性的有效途径就是通过导入领导的干预机制，激发员工的主动性，鼓励员工为工作安全积极地建言献策(Conchie, Taylor & Donald, 2012; Probst & Estrada, 2010; Tucker et al., 2008; Tucker & Turner, 2015)。因而发挥领导作用，以强化员工的主动性和责任感，进而激发员工积极地为工作场所安全建言献策就成为安全管理实践的一项重要内容。

安全建言即发表工作安全问题相关的意见或担忧(Tucker et al.,

2008；Tucker & Turner，2015），对安全系统迭代优化和持续改进具有重要作用（Probst & Estrada，2010；Tucker & Turner，2015），因而研究这一问题具有非常重要的现实意义。与此同时，作为一类特殊的建言行为，安全建言的特殊性不仅表现在由组织内部的非主导逻辑支撑，面临着法律和人际的多重权衡；而且体现在建言内容、发生逻辑以及影响因素的作用机制都与一般建言行为存在较大的差异上，因而在一定程度上而言，安全建言研究可以拓展对建言现象的理论研究深度。具体来说，有以下几个方面。

第一，不同于一般的建言，安全建言具有独特性。首先，从宏观层面来看，与生产效率主导逻辑的建言不同，安全建言由组织内的"非主导逻辑"支撑。建制复杂性理论认为，组织中存在着多个可能相互矛盾的逻辑（Greenwood et al.，2011），如涉危行业的组织中存在的生产效率逻辑和安全管理逻辑。即一方面，作为工业组织，在"生产效率逻辑"的驱动下，组织的首要目标就是获取经济利润，保持公司效益持续不断地增长；另一方面，作为社会存在体，在"安全管理逻辑"的驱动下，组织必须保障员工的生命安全，保持系统安全可靠。因而，在现代企业制度建构的以股东利益和投资回报为首位的组织架构下，涉危行业的组织内形成了以"生产绩效"为主导、以"安全绩效"为支撑的运行状态。同时，从更广的意义上来说，新制度主义认为任何组织都面临着技术环境和制度环境的双重压力（Meyer & Rowan，1977）。其中制度环境要求组织服从"合法性机制"，而技术环境要求组织服从"效率机制"，二者往往会形成一定的冲突，而在涉危行业的组织中，合法性压力和效率的矛盾更加明显。而且，从更为微观的意义上来说，目标冲突理论认为安全攸关组织面临着多重目标。如一方面要达到组织的任务产量，实现生产绩效；另一方面又要防范安全事故的发生，保证安全绩效。而在组织资源一定的情况下，安全目标和生产目标会形成层级结构，必然会出现由于管理者关注生产绩效而牺牲安全绩效的现象（Austin & Vancouver，1996；Humphrey et al.，2004；Markman & Brendl，2000）。因而，和一般的由主导逻辑（生产效率逻辑）支撑的建言行为不同，安全建言更大程度上属于非主导逻辑（安全管理逻辑）支撑。其次，从微观层面来看，与一般情境下的建言不同，员工安全建言涉及员工对人际环境和法律政策的多重权衡。

安全管理不仅是涉危行业组织管理实践中的重要议题，而且也是外部的社会相关监管部门的重要职能，如很多国家的法律规定个体向有关管理部门表达工作场所安全相关的意见受政府相关的安全管理法律保护（Eaton & Nocerino, 2000; Markowitz, 1993）。一方面，员工发现问题而未进行安全建言引发严重安全事故，可能受到相关法律的惩罚。即对于员工来说，如果安全隐患演化为严重的安全事故，可能会让自己或相关岗位的员工受到刑事或民事处罚，因而法律责任意识往往对于安全建言的发生至关重要。另一方面，员工发现问题并进行安全建言遭到打击报复，会受到相关法律的保护。如果员工因进行安全建言而受到领导或者其他员工的打击报复，员工有权向安全监管相关的政府部门提出申诉和寻求保护，因而相关制度的健全性和执行力度也是安全建言发生的重要情境因素。但是，由于员工的安全建言需要考虑人际环境因素（Tucker et al., 2008），因而相关法律在执行当中可能会出现很多问题，如员工对很多安全问题采取隐瞒的态度（Probst & Estrada, 2010），更遑论主动提出意见和建议。

第二，安全建言的特殊性，决定了对其进行深入研究的必要性。与一般情境下的建言不同，正因为其特殊性，通过对安全建言进行研究，有助于深化和拓展以往的建言理论研究。Morrison 认为不同内容的建言对绩效往往具有不同的作用，因而基于建言内容的不同而对建言进行情境化的研究颇为重要（Morrison, 2014）。基于这一逻辑，后来 Li 等学者通过实证研究发现不同内容的建言对安全绩效具有差异化的效应（Li et al., 2017）。而安全建言的内容更多表现在安全问题上，这与一般情况下涉及生产效率的建言内容有着较大的不同。可以推断，与一般的建言相比，安全建言可能存在其独特的前因及影响机制。具体来说，一方面，安全建言表达的主要是对安全绩效的考虑，其提升往往与短期内生产绩效的提升没有较高的相关性，甚至可能因当前生产方式改变而出现生产绩效暂时弱化的现象，因而可能带来更高程度的人际冲突。基于这一逻辑，安全建言的发生往往对情境因素具有更高的诉求。另一方面，由于安全情境中个体表达建议往往会占用自己的工作时间，势必在一定程度上弱化个人的生产绩效，从这个角度而言，安全建言对个体的主动性具有更高的要求。因而，通过聚焦于建言的内容特殊性,直接探讨安全建言的前因和影响机制可以赋予建言研究以新的活力。

第三,安全建言凸显了建言研究的过程性特征,有助于从现象嵌入式的过程视角拓展我们对一般建言现象的理解和研究。以往建言相关的理论研究隐含着“员工已经发现问题”这样一条假设,聚焦于如何将员工发现的问题转化为现实的建言行为。然而这一假设在安全背景下存在着较大的问题,如有安全管理研究者认为安全建言具有两方面的要求,一方面需要个体发现安全隐患或潜在威胁,另一方面需要个体将相关的意见和忧虑很好地传达给管理者(Dillon, Tinsley & Cronin, 2012; Dillon et al., 2016; Soyer & Hogarth, 2015)。然而不容忽视的是,对于既定前因,其对安全隐患识别和安全建言的影响机制可能存在较大的不同。首先,二者内涵存在差异。安全隐患识别是个体对工作场所安全现象的主观判断,涉及对工作任务本身的认知;而安全建言是对工作场所人际环境的评估,涉及工作主体之间关系的感知。其次,二者的作用机制不同。如有研究发现权力感增加了员工的安全建言行为,然而权力感的增加又提升了员工对安全问题的风险容忍度,进而降低了员工的问题识别能力。因而,针对具体前因探讨相关变量对问题识别及安全建言的影响机制,对我们理解安全建言发生的逻辑链条具有重要意义。故基于特定的现象情境,采用过程分析的视角探讨安全建言的发生机制,有助于我们更加全面地看待安全建言背后的逻辑链条。

正如Burris等学者关于建言面临的现实困境问题的论断,对组织高度满意的员工往往对组织具有较高的容忍度,因而对工作没有意见;而对组织不满意的个体往往观察到组织存在的诸多问题,却不愿积极地向组织表达,导致建言问题面临着难以解决的现实困境(Burris, Detert & Chiaburu, 2008)。然而,基于现象嵌入式的过程分析,聚焦于安全建言发生过程的探讨可以对上述问题进行有力的回应,即发现安全问题的员工不愿表达,具有表达动机的员工未能有效地发现安全隐患,正是问题识别和安全建言的前因以及影响机制不同导致了这一现实困境的产生。所以,安全建言发生过程凸显了建言研究的过程性特征,因而以安全建言研究为突破口能更富有针对性地解决建言产生的现实困境问题。

在对安全建言相关研究进行系统的文献检索后,发现安全建言的研究仍然存在诸多问题尚待解决。主要表现在以下几个方面。

第一,安全建言相关概念的理论研究比较丰富,但直接对安全建言进行探讨的理论研究还相当缺乏。安全管理领域的学者们早期用安全参与或安全公民行为表征安全建言,进而探讨领导风格和安全参与及安全公民行为之间的关系和作用机制(Kapp, 2012; Martínez-Córcoles et al., 2012; Mullen & Kelloway, 2009),并将研究结论直接迁移到安全建言的理论逻辑中。但近年来,研究者逐渐认识到上述研究结论的直接迁移面临着较大的问题,集中表现在安全建言与安全参与、安全公民行为概念之间的混淆和重叠。具体来说,首先,从定义内涵来看,与安全建言不同,安全参与主要指主动性的安全行为(如主动参与安全会议或主动学习安全规章制度等),并不属于角色外行为的范畴。这一区别获得了以往理论研究的支持,如有研究表明安全参与不仅包含着角色外行为的特征,也包含着角色内行为的内容(Mowbray, Wilkinson & Tse, 2015)。其次,从概念的外延来看,与安全建言不同,安全参与强调的是积极参与组织的安全规章制度的执行和推进工作,如培训、决策等(Neal & Griffin, 2006),包含着员工的角色内行为的内容(Conchie et al., 2012; Tucker et al., 2008)。并且,安全参与这个概念也可能包含大量外在行为动机和外在目标导向,例如由组织倡导的一些安全参与措施(例如班前安全沟通短会),这和基于主动的安全建言行为存在着较大的区别,因而二者的影响因素和机制可能完全不同。最后,从行为特征来看,与安全建言不同,安全公民行为指未在任务中进行明确规定的但利于组织效能的行为(Hofmann, Morgeson & Gerras, 2003),如在安全管理工作中帮助他人、协助他人共同完成安全工作任务等等,往往与人际风险没有直接关系。因而上述概念间的混淆不清,严重阻碍了安全管理研究与组织行为领域研究的交流和对话,造成对于安全建言直接进行理论探讨的实证研究的缺乏(Tucker & Turner, 2015)。

第二,安全建言逐渐引起学者的重视,但基于现象嵌入式的过程分析视角没有得到应有的关注。对现象的概念化有助于更好地理解管理现象,但概念也可能会掩盖大量的变异和过程机制而失去获得洞见的机会。安全建言行为是一个涉及诸多因素的行为结果,如果仅关注建言行为本身,则难以有效地捕捉这一行为发生的背后逻辑。以往安全建言领域的很多研究者认为安全事故发生的重要原因是员工隐瞒安全问题而不表达，因而采用实证研究的方法不断探讨安全建言的前因变量(Probst & Estrada, 2010)，如领导风格(Conchie et al., 2012)。然而，一方面，有学者注意到安全事故发生的重要原因往往并非员工不愿意向管理部门表达安全意见，而是员工没有发现问题，因而鼓励研究者在安全建言研究中加入安全问题识别的考虑(Dillon et al., 2016)，以更为全面地看待安全建言行为产生的背后逻辑。另一方面，安全管理的实践案例也一再表明问题识别对安全建言发生的重要性。如 2003 年 2 月 1 日，美国国家航空航天局(NASA)的“哥伦比亚”号航天飞机在发射过程中泡沫绝缘材料脱落撞击左侧机翼前缘，使航天飞机的热保护系统受到损坏而发生爆炸解体，导致 7 名宇航员遇难。事后“哥伦比亚”号事故调查委员会(CAIB)确认了在之前的发射过程中，至少出现过 79 次类似的航天飞机发射过程中泡沫绝缘材料脱落的安全现象，但是由于没有击中航天飞机的关键部位而被员工所忽视。诸如此类，员工想当然造成安全隐患未被识别，进而导致安全问题无法转化为员工安全建言行为的案例不胜枚举。更进一步来说，由于涉及的情境因素不同，安全问题识别和安全建言的前因变量及影响机制可能存在差异，迫切需要理论研究者基于现象嵌入式的过程视角对安全建言进行分析，从而理清安全建言产生的理论逻辑。如前文所述，有研究发现权力感对问题识别和安全建言具有相反效应。因而，在一定意义上来说，仅聚焦于外界因素对员工安全建言行为的塑造，而缺乏对员工安全问题识别的探讨，难以全面地去看待员工安全建言的产生逻辑，弱化了安全建言研究结果对于安全管理实践的指导作用。所以，为了更精准地捕捉安全建言的背后逻辑，从过程性的视角探讨安全建言势在必行。

第三，以往安全建言相关研究的框架解释逻辑单一，安全建言现象的理论解释亟待拓展。以往安全建言相关概念(如安全参与、安全公民行为)的前因变量探讨主要基于社会交换理论的视角，探讨通过构建良好的领导—成员交换关系，提供更为多元化的组织支持，让员工感知到更多的责任和义务，从而去参与工作场所安全的维护与改进(Barling, Loughlin &

Kelloway，2002；Inness et al.，2010；Kelloway，Mullen & Francis，2006）。然而，社会交换理论的解释框架在安全管理领域的解释力有限，难以涵盖所有的安全建言行为。有研究者认为，基于社会交换的逻辑，变革型领导能够很好地预测安全建言，但是交易型领导对安全建言的影响机制并不适用于此逻辑。其认为从一定意义上来说，交易型领导与员工之间的交换不属于社会交换的逻辑，而仅属于经济交换的范畴（Clarke，2013），并且，很多安全建言发生的逻辑往往与社会交换没有必然的联系。如研究团队在访谈中发现，很多员工向管理层级表达安全问题相关的意见和担忧，原因在于其认为自己难以承担起严重安全事故的后果。同时，社会交换理论在一定程度上把个体看成外界环境被动的反应物，强调了个体的被动性，带有"向内看"的特征。然而，置身于工作环境，个体建言行为不仅仅是环境影响的被动结果，还具有个体主动的目的特征，因而也需要"向外看"。所以，基于其他的理论逻辑来探讨安全建言，从而增强现有安全建言理论研究的解释力显得异常重要。

第七章　组织和团队中的安全氛围

20 世纪 80 年代苏联切尔诺贝利核电站发生泄漏事故，造成灾难性的严重后果，根据国际原子能机构的调查，安全文化建设薄弱是此次事故发生的重要原因(Cooper, 2000; Pidgeon & O'Leary, 2000)。自此，安全文化以及与之密切联系的安全氛围概念成为组织安全管理研究中的重要分支，受到学者们的广泛关注(Glendon & Stanton, 2000; Hale, 2000; Seo et al., 2004)。安全氛围概念衍生于组织氛围，Schneider(1975)将组织氛围定义为员工对其工作情境的共享感知。这种感知既可以针对组织环境中的通用维度(如领导、沟通)，也可以聚焦组织中的特定维度(如安全、创新、服务等)(Neal, Griffin & Hart, 2000; Dov,2008)。当组织关注焦点为与工作场所风险以及员工工作安全密切相关的特征时，员工形成共同感知即安全氛围感知(Neal & Griffin, 2006)。安全氛围是营造组织中安全工作环境的重要组成部分，自安全氛围概念被提出以来，学者们对其进行了大量的探讨和研究，并取得一系列成果。通过文献梳理发现，安全氛围研究主要关注焦点包括其内涵、结构、维度及测量(Guldenmund, 2000)，安全氛围与安全绩效的关系(Hofmann & Stetzer, 1996, 1998; Griffin & Neal, 2000; Huang et al., 2006)，安全氛围在不同情境条件下作用的内在机制(DeDobbeleer & Beland, 1991; Coyle, Sleeman & Adams, 1995)，以及影响安全氛围的前因变量研究(张刚,2012)等。

根据最早提出“安全氛围”概念的学者 Zohar 的研究，安全氛围被定义为员工对组织中与工作安全相关的政策、规程和实践的共同感知和看法(Zohar, 1980)。这里强调员工在实际工作情境中对这些政策、规程和实践的共同的主观感知，关注员工对组织内与工作相关的安全和风险的真实的感知、态度及信念（Mearns & Flin，1999），并非组织所宣称或实际执行的政策、规程。例如，Wright（1986）在一项研究中发现，即使组织有完善的安全制度规范，在面临生产压力的情况下，组织也会要求员工一切以完成任务为目标，而不会考虑员工人身安全是否会受到影响，此时员工感知到的安全氛围水平也是很低的，因为员工感受到安全目标以及安全价值并不被组织所真正重视。

自安全氛围概念被提出以来，学者们相继提出关于安全氛围新的定义和解释，其中受到较多支持和应用的一些代表性的概念解释如表 7.1 所示。从上述定义中可以发现，尽管学者们对安全氛围定义的表述不同，但是多数研究者对安全氛围内涵的认知比较相似，与 Zohar 最初提出的概念内涵差异性不大，即安全氛围强调的是员工的一种共同感知，感知对象为工作中与安全相关的各类情境、特征等组织要素（Seo et al.，2004）。存在的一定分歧之处在于，学者们对感知对象内容的判断可能存在不一致意见，因此导致不同研究中安全氛围概念的结构有所不同。

表 7.1　安全氛围内涵研究梳理

学者	年份	定义解释
Zohar	1980	员工对组织内与安全相关的政策、规程和实践的共同感知和看法
Glennon	1982	员工对组织中能够直接减少或消除危害职业安全各种特征的感知
Cooper & Philips	1994	员工所感受和认为的有关于在工作场所中安全的共同感知与信念
Coyle, Sleeman & Adams	1995	员工对工作中职业健康和职业安全问题的态度和感受的客观测量
Mearns et al.	2001	安全氛围是安全文化的一部分，是体现组织当前安全文化水平和特征的"快照"

安全氛围领域研究的主要权威人物 Zohar 在 2010 年提出，自 20 世纪 80 年代开始，围绕安全氛围的研究已经过去 30 年时间，也取得了大量的成

果，并且绝大多数研究支持了安全氛围对改善组织安全绩效的重要意义，但是存在的比较大的误区是学者们通常过于关注方法论的探讨，而非围绕理论或概念问题进行研究(Zohar, 2010)。例如，仅围绕制造行业安全氛围结构与测量问题，就有多达几十篇文献研究(Flin et al., 2000)，Flin(2003)将之称为“概念模糊化景象”(obscure conceptual landscape)，这也从侧面说明聚焦安全氛围概念与理论研究的急迫性和重要意义。另外，Zohar(2010)强调，就安全氛围的作用机制研究而言，学者们习惯性地将安全氛围作为前因变量，探讨其对安全绩效等结果变量影响的过程机制，而对于影响安全氛围的前因变量，以及相关变量如何影响安全氛围的作用机制却知之甚少，亟待加强研究，这些研究问题应该成为安全氛围未来研究重要的探索方向。

另外，对安全氛围内涵的另一种认知是基于安全文化的研究视角。在组织行为研究中，文化被定义为被组织全体成员认同和共享的相对稳定、多维和整体性结构体系，能指导个体强化对所处环境的认知和理解，继而有针对性地调整相应的行为(Guldenmund, 2000)。文化概念在兴起后逐渐取代了20世纪80年代的组织氛围概念(Hale, 2000)。但在安全管理研究领域，学者们一致认同安全文化和安全氛围是两个相关但彼此独立的概念结构(Cox & Flin,1998; Glendon & Stanton, 2000; Guldenmund, 2000; Hale, 2000)，不能混淆。Reichers 和 Schneider(1990)在对相关文献进行梳理后提出，相对于氛围而言，文化是高阶的更加抽象的概念体系，通常用共享的价值观、信仰、态度等表征，而氛围的维度体系则相对狭窄，这一观点也得到安全氛围研究的众多学者的认同(Cox & Flin,1998; Glendon & Stanton, 2000; Guldenmund, 2000)。一般而言，安全氛围被视为安全文化中比较浅显、表层的结构，更加外显、具体和易变，通常用“快照”(snapshot)(O'Connor et al., 2011)、表层的(superficial)(Glendon & Stanton, 2000)、状态(state)这些词汇来表示与安全文化的区别(Cheyne et al., 1998)。

尽管在研究中仍然存在大量将安全文化和安全氛围混淆乃至混用的情况(Flin et al., 2000)，但 Cox 和 Flin(1998)通过研究发现，相对于安全文化而言，安全氛围概念是更具可操作性和现实意义的研究变量，如果能开发出有效的安全氛围评估工具，一系列与安全管理相关的问题都能得到有效的解释。因此在理论研究中，学者们通常选择安全氛围概念，而非安全文化作为自己的研究主题，这同样也从侧面支持在安全管理研究中，安全氛围概念是更受学者们关注的概念的事实。

安全氛围是一个多维度概念。Zohar 于 1980 年提出安全氛围的八维度结构，可以视为对安全氛围结构的首次探讨。但是 Zohar 的研究并未被其他学者所认同或支持，例如 Brown 和 Holmes（1986）试图复制 Zohar 的研究，却得到一个三维度的安全氛围结构，而 DeDobbeleer 和 Belan（1991）在验证 Brown 和 Holmes（1986）的研究后，又得到一个两维度的结构，表明安全氛围结构存在较大的不稳定性，学者们围绕这一问题也进行了大量的探讨与研究。Seo 等人（2004）对安全氛围结构研究的相关文献进行了梳理，其中至少有十几篇文章在实证研究中对安全氛围结构进行了探索性分析和研究，具体内容如表 7.2 所示。

表 7.2　安全氛围结构研究梳理

学者	年份	样本	维度
Zohar	1980	以色列 20 家工厂（冶金、食品加工、化学、纺织行业），$N=400$	1. 安全培训项目重要性；2. 管理者对安全的态度；3. 安全行为对晋升的影响；4. 工作场所中的风险水平；5. 要求的工作节奏对安全的影响；6. 安全管理员的地位；7. 安全行为对社会地位的影响；8. 安全委员会的地位
Brown & Holmes	1986	美国 10 家制造工厂，$N=425$	1. 员工感知到的管理层对员工安全的关心；2. 员工感知到的管理层采取保障员工安全的举措；3. 员工感知到的身体风险
Cox & Cox	1991	某工业用气公司分布在欧洲 5 国的存储仓库，$N=630$	1. 人际怀疑；2. 个人责任；3. 工作环境；4. 安全布置；5. 个人免疫力
Dedobbeleer	1991	美国 9 家非住宅建筑工地，$N=272$	1. 管理者对安全的承诺；2. 员工的安全卷入
Niskanen	1994	芬兰国家公路管理局，$N_1=1890$，工人；$N_2=562$，管理者	1. 员工对组织中安全的态度；2. 员工受到工作要求的影响；3. 员工对工作的感激；4. 员工是否认同安全是工作绩效的一部分

续表

学者	年份	样本	维度
Coyle et al.	1995	澳大利亚 1 家化学机构和 1 家康复护理机构，$N_1=340$，$N_2=540$	组织 1： 1. 维修和管理问题；2. 公司政策；3. 问责；4. 培训和管理者态度；5. 工作环境；6. 政策/规程；7. 个人自主权 组织 2： 1. 工作环境；2. 个人自主权；3. 培训和政策强制性
Diaz & Cabrera	1997	西班牙 3 家机场公司，$N=166$	1. 公司安全政策；2. 安全/生产率优先性；3. 团队的安全态度；4. 防御的特别举措；5. 机场中感知到的安全级别；6. 工作中感知到的安全级别
Williamson et al.	1997	澳大利亚 7 家公司(重工业、轻工业制造型公司及户外工人)，$N=660$	1. 安全行为的个人动机；2. 积极的安全实践；3. 风险评判；4. 宿命主义；5. 乐观主义
Cheyne et al.	1998	英国、法国 4 家制造型组织，英国 10 家海上石油天然气开采安装组织，$N_1=915$，$N_2=722$	1. 安全管理；2. 沟通；3. 个人卷入；4. 安全标准和目标；5 个人责任 安全态度方面： 1. 安全建言；2. 对待偏差的态度；3. 上级的安全承诺；4. 对规范的态度；5. 管理者对安全的承诺；6. 安全规范；7. 成本与安全考量；8. 对安全的个人责任；9. 安全系统；10. 对安全的过度自信 风险感知方面： 1. 安装挑战；2. 职业障碍；3. 灾难 安全评估方面： 1. 事故预防；2. 事故减轻；3. 紧急响应
Brown et al.	2000	美国 1 家钢铁公司的 2 座工厂，$N=551$	1. 直线管理者影响；2. 上级管理者对安全的影响
Cox & Cheyne	2000	英国 3 家海上石油持天然气开发安装机构，$N=221$	1. 管理者承诺；2. 安全优先级；3. 沟通；4. 安全规则；5. 支性环境；6. 安全卷入；7. 个人对安全的需要和优先级；8. 个人风险倾向；9. 工作环境

续表

学者	时间	样本	维度
Lee & Harrison	2000	英国3家核电站，N=683	1. 对控制测量的信心；2. 对期望/反应的信心；3. 对再组织的信心；4. 对安全标准的信心；5. 公司对承包商的支持；6. 对承包商安全水平的满意度；7. 尊重承包商角色；8. 工作满意度；9. 工作关系满意度；10. 工作兴趣；11. 对同事的信任；12. 感知到的授权；13. 管理者对安全的关注；14. 一般道德；15. 组织风险水平；16. 个人风险倾向；17. 多技能风险；18. 风险/产量；19. 指令复杂性；20. 风险诊断娴熟性；21. 警报响应；22. 紧急程序；23. 个人压力；24. 工作不安全感；25. 管理者对健康的关注；26. 培训诱导效果；27. 员工选举有效性；28. 培训质量
Glendon & Litherland	2001	澳大利亚道路与新装桥梁建设、维护工人，N=198	1. 沟通与支持；2. 规程充分性；3. 工作压力；4. 个人保护设备
O'Toole	2002	1家美国公司，N=6306	1. 管理层的安全承诺；2. 教育与知识；3. 安全监督程序；4. 员工卷入和承诺；5. 吸烟和酗酒；6. 紧急响应；7. 工作之外安全性

资料来源：Seo D C, Torabi M R, Blair E H et al. A cross－validation of safety climate scale using confirmatory factor analytic approach, Journal of Safety Research, 2004, 35(4), 427-445.

事实上，上述列表仅列出了关于安全氛围结构的部分研究，但是正如Guldenmund(2000)在一项针对安全氛围感知的研究中强调的一样，缺少信度和效度分析是这些安全氛围结构存在的最大问题。另外，由于不同学者所做研究往往是基于不同文化、行业情境的分析，例如仅分行业，研究中就有建筑行业(DeDobbeleer & Beland, 1991)、能源行业(Lee 1998)、医疗卫生行业(Coyle et al., 1995)等，不同行业安全问题往往存在极大差异，使得安全氛围结构缺乏跨行业共性，这也是当前理论研究中对安全氛围感知概念的结构认识尚未达成共识的重要原因。不仅如此，一些学者对安全氛围感知的结构的命名和称谓缺乏严谨性，往往导致相同结构的不同因子被重复检验，这进一步加剧了安全氛围结构主张存在分歧的局面（Seo et al.，2004）。

由于对于安全氛围结构存在不同认识，相应地，学者们也开发出与不同结构相匹配的安全氛围感知量表。Zohar（1980）提出了最早的安全氛围感知量表，但是之后学者们往往会根据所研究文化背景、行业的特点，开发出更具针对性的安全氛围感知测量工具（Flin et al.，2000；Guldenmund，2000）。在分行业研究中，建筑业（Dedobbeleer & Beland，1991；Gillen et al.，1997）、制造业（Zohar，1980；Brown & Holmes，1986）、能源行业（Cox & Cox，1991；Carroll，1998）、航空业（Gibbons，Thaden & Wiegmann，2006；O'Conner et al.，2011）以及医疗卫生行业（DeJoy，Gershon & Murphy，1998）是安全氛围研究最集中的几个领域，并有适用于各个行业的不同版本的相应安全氛围感知量表。另外在跨文化研究中，除了大量基于西方文化情境的安全氛围感知问卷，国内一些学者亦针对中国文化情境开发出适用于国内研究的安全氛围感知量表。例如张江石、傅贵、郭芳和李建霆（2009）开发出包含10个维度、26个层面和92个条目的安全氛围感知量表；Lin，Tang，Miao，Wang和Wang（2008）开发出适用于中国工业企业的7个维度21个条目的安全氛围感知问卷，使国内针对安全氛围感知测量的研究成果进一步丰富。

类似于人格测量中的五大模型一样，随着一系列安全氛围感知量表的出现，一些共性的安全氛围结构特征也逐渐显现，成为安全氛围研究中的通用维度和测量工具（Flin et al.，2000）。Flin等学者（2000）对针对不同行业的18份安全氛围感知量表进行梳理，概括出三个主要的安全氛围特征，即管理/监督、安全系统和风险，以及三个相对重要的安全氛围特征，即工作压力、胜任力和过程/规则（如表7.3所示）。Flin等人认为，尽管这六类特征是安全氛围感知的相对高阶因子，但是在具体测量时还应该结合行业、文化等环境因素，有针对性地选择相关的测量因子和指标。

表 7.3 安全氛围结构的主要特征

重要性	特征	频数	具体介绍
最重要	管理/监督	管理(13)/监督(4)	员工感知到的管理者在工作场所中对待安全、生产等问题的态度和看法
	安全系统	12	包含组织安全管理系统的各个方面，如安全管理员、安全委员会、对工作系统的许可、安全政策以及安全设备等
	风险	12	员工自评式的风险承担，工作场所中感知的风险以及对待风险和安全的态度和看法
相对重要	工作压力	6	受到工作节奏和工作载荷的影响
	胜任力	6	员工资历、技能和知识的感知，通常与选举、培训、胜任标准和评估相联系
	过程/规则	3	员工感知到的安全规则，对规则的态度，以及规则的遵守或违背行为

资料来源：Flin R, Mearns K, O'Connor P et al. Measuring safety climate: identifying the common features. Safety Science, 2000, 34(1-3): 177-192.

安全氛围的一个重要议题就是领导者如何塑造积极的团队和组织安全氛围，从领导风格的视角分析安全氛围过程有重要的理论价值。尤其重要的是，作为业务单元的"氛围缔造者"(Lewin, Lippitt & White, 1939)和"守门员"(Zohar & Luria, 2010)，一线领导的行为风格与员工安全参与及安全公民行为之间的关系得到了较为深入的研究，特别是作为领导风格中的两种重要类别，变革型领导和交易型领导更是受到着重关注。如基于社会交换理论的视角，强调领导通过营造良好的领导—成员交换关系让员工感受到给予领导以报答的义务，促使员工表现出更多的安全参与行为或安全公民行为(Barling, Loughlin & Kelloway, 2002; Inness et al., 2010; Kelloway, Mullen & Francis, 2006)。理论研究表明，安全制度的贯彻和安全文化建设是员工安全绩效和安全行为的重要影响因素，因而基于这一逻辑，制度贯彻和文化营造成为安全管理理论和安全管理实践的重要内容。然而，有研究发现由于领导行为方式在团队间的差异，不同团队的成员对安全制度的执行和安全文化的感知表现出较大的不同，集中表现在领导风格的不同而导致的团队间一般安全产出存在的较大差异(Cohen, 1977; Hofmann, Jacobs & Landy, 1995; Shannon, Mayr & Haines, 1997; Zohar, 1980)。正如 Dunbar(1975)所言,工作场所安全事故的规避和安全绩效的提升主要是通过领导的支持和监督来实现的。后来的研究也一再证明,由于多种目标的存在,领导对安全重视程度的不同使得安全绩效在团队间呈现出较大的差异(Hofmann et al., 1995; Shannon et al., 1997; Zohar, 1980)。具体来说,当团队领导重视安全绩效时,员工的安全遵守和安全参与会有较大的提升;然而有些团队的领导会对安全实践睁一只眼闭一只眼(turning a blind eye),造成了员工安全绩效和安全主动行为水平较低(Flin & Slaven, 1996; Hofmann & Morgeson, 1999; Mearns et al., 1997)。同时,作为角色外行为的一种重要类型,安全建言也极有可能受到领导风格的影响。如有研究者认为,作为氛围的"缔造者"和"守门员"(Zohar & Luria, 2010),领导的行为风格通过作用于员工的氛围感知进而影响员工安全主动行为。也有研究发现领导通过身体力行地强调安全管理的重要性,从而向团队员工传达安全至上的价值观,进一步塑造员工安全参与的感知(Barling et al., 2002)。另外,领导作为团队氛围的塑造者(Lewin et al., 1939),其通过在领导—成员互动过程中表现出的行为方式向团队成员传递其对员工表达意见和建议的倡导和鼓励,消除员工的心理顾虑(Nembhard & Edmondson, 2006),进而激发员工自由大胆地表达对工作安全的看法和意见。

除了安全氛围感知量表本身,测量结果应该在哪一层面聚合是学者们争论的另一焦点。长期以来,组织氛围常被聚合到某一个层面进行研究,但是以 Zohar 为代表的安全氛围研究学者提出,员工对高层管理者和基层管理者对待安全问题的态度、行为实践的感知往往存在差异,传统的分析范式无法将这种差异进行有效区分(Zohar, 2000; Zohar & Luria, 2005; Dov, 2008)。举例来说,高层管理者制定适用于整个公司的安全规程、安全政策,基层管理者负责将这些规程、政策传导给员工,即使高层管理者制定的规程、政策完备,但是如果基层管理者落实效果欠佳,也会影响到员工的安全氛围感知,也即员工的安全氛围感知对象既可以以组织整体为参照,也可以以所处的部门、团队或群体作为参照，因此形成针对不同层面的安全氛围感知(Dov,2008)。Zohar 等人还通过实证研究表明，即使在同样的组织安全氛围条件下，内部不同群体感知到的安全氛围水平也存在显著差异(Zohar, 2000; Zohar & Luria, 2005)，从而进一步支持安全氛围测量应该考虑在何种层面聚合分析的论断。Zohar 等人还发现，相对于高层管理者的影响而言，在受到直线管理者影响的团队层面安全氛围对员工的安全感知和安全行为决策有更为直接的影响(Zohar & Luria, 2005)，因此本研究也拟将安全氛围研究聚合到团队层面，探讨团队安全氛围感知的影响机制。

不过在实证分析过程中，研究者获取的安全氛围数据往往是通过个体层面聚合到群体或组织层面的(Zohar & Luria, 2005)，这可能让研究结果变得混乱。Neal 和 Griffin(2004)以及 Seo 等(2004)在对已有的安全氛围相关量表进行梳理后发现，很少有量表的测量条目是少于 10 个的，这些量表对分析安全氛围结构某一特征的影响可能比较适用，但如果想研究组织整体的安全氛围特征，则显得过于冗余。Zohar 等人考虑到聚焦不同层面研究安全氛围可能导致混乱的情况，专门开发了适用于团队层面的安全氛围感知量表，让安全氛围感知量表研究的混乱状况在一定程度上得以缓解(Zohar, 2000)。

Cooper 和 Phillips(2004)强调，安全氛围感知研究的意义在于有助于改进员工的安全行为和提升组织安全绩效。过去几十年中，学者们基于不同行业情境对安全氛围感知和员工安全行为的关系机制进行了大量探讨(Siu et al., 2003; Huang et al., 2006; Neal & Griffin, 2006)。一些研究发现安全氛围感知能直接影响安全行为(Glendon & Litherland, 2001; Cooper & Phillips, 2004)，在高安全氛围条件下，员工可以产生更多的安全遵守和安全参与等安全行为(Griffin & Neal, 2000)，也有利于减少不安全行为发生次数，降低安全事故出现频率(Beus et al., 2010)。另外也有一些研究表明安全氛围感知与安全行为间并无直接联系，而是通过其他变量的中介机制传导发生联系(Bariling, Loughlin & Kelloway, 2002; Zohar & Luria, 2005)。例如，Griffin 和 Neal(2000)在一项实证研究中发现，员工的安全氛围感知不仅直接影响安全行为，而且还可以通过安全动机的中介机制对安全行为产生影响;Fugas, Silva 和 Meliá(2012)验证了与情境相关的社会规范以及与个人相关的态度等在安全氛围感知和安全行为间的中介作用机制,并且得到数据支持。

可以发现尽管员工的安全氛围感知影响安全行为的过程机制研究十分重要,但是研究结论混乱的现实,使得基于理论层面对安全氛围感知和安全行为的关系研究进行系统梳理和总结显得尤为重要(Clarke, 2006)。其中,社会交换理论(Blau, 1964)、期望—效用理论(Vroom, 1964)以及计划行为理论是在解释两者关系中比较常见的三种基础理论。

社会交换理论认为,如果一方通过另一方受惠,也即意味着必须承担在未来向另一方回馈的潜在责任(Blau, 1964),这种潜在责任意味着受惠一方会采取有利于对方的行动。Zohar(1980)强调,管理者的安全承诺会影响到员工对安全氛围的感知,基于社会交换理论的视角,这种承诺向员工传递他们应该以一种安全的方式工作以回报管理者和组织的信息。Hofmann 和 Morgeson(1999)基于该理论直接验证了组织支持感以及领导—成员交换这两个与社会交换理论直接相关的变量对相关安全绩效结果的影响,同样支持了该理论在解释安全氛围感知和安全行为关系中的作用。期望—效用理论认为,如果员工相信遵守安全规则以及参与改善工作安全相关的活动能带来有价值的结果,员工就会积极参与。而安全氛围恰好反映了员工对安全效价的感知和评价,进而会影响到对行为结果的期望(Neal & Griffin, 2006)。在高的安全氛围感知条件下,向员工传递组织重视工作安全的信息,会使得员工参与改进安全绩效的活动更容易获得相应的回报,因此也就更有利于激发员工改进安全行为和提升安全绩效的行为实践。正如 Zohar (2003)在一项研究中强调的,安全氛围感知是影响工作场所伤害的前因变量,员工对工作场所中与安全相关的政策、规程和实践的共同感知和看法会影响到对行为—结果的期望,进而影响到安全行为和安全绩效。

计划行为理论认为个体会受到行为意向的影响,而行为意向主要取决于态度(attitude)、主观规范(subjective norm)和知觉行为控制(perceived behavioral control)的影响(Ajzen, 1991)。在安全管理研究中,人的多数不安全行为都受到态度、意图等的影响,因此采用计划行为理论有助于将安全行为的诸多方面在理论上进行有效整合(Fogarty & Shaw，2010)。首先，个人的安全态度是安全氛围感知的重要维度，学者们围绕安全态度和安全绩效间的关系已经进行了大量研究(Mearns et al.，2001)。其次，安全氛围感知研究同样考虑了主观规范的影响，任何从属于组织的个人都会将自己视为所处群体的一部分，该群体的规范必然会对个人行为产生影响，例如 Hofmann 和 Stetzer(1996)的研究就支持了群体规范会影响个体安全行为决策的论点。最后，知觉行为控制意味着即使个人有表现特定行为的意图，外界环境的影响也会让个人产生无力感，继而使得个体行为沿着环境所期望的方向转变。Huang 等(2006)的一项研究就表明知觉行为控制能作用于安全氛围感知到自评式的事故伤害间的关系。

在实践层面上，安全文化已经成为很多行业安全管理中的指标性数据之一，包括美国职业安全与健康管理部门、中国安全生产监察总局等机构都提出了专门的企业安全氛围或安全文化监测的行业指导方案，可以预期到未来安全氛围与行为安全管理可能成为安全管理中一个非常重要且不可忽视的环节。

第八章　领导力与员工安全行为

管理者的领导风格是影响安全主动行为的重要因素，领导可以通过关系构建，影响员工的安全主动行为。理论研究表明，一方面，领导可以通过构建良好的社会交换关系，让员工感知到对组织或领导的责任和义务，促使员工表现出领导所期望的安全主动行为(Conchie et al., 2012)；另一方面，领导可通过激发员工内在动机，影响员工的安全主动行为。如有研究发现变革型领导可以激发员工的内在动机，让员工感知到积极提升安全绩效的价值，进而表现出更多的安全公民行为(Conchie & Donald, 2009)。并且，领导可以通过营造积极的氛围，实现对员工安全主动行为的塑造。如有研究发现变革型领导可以通过营造积极的安全氛围，促使员工积极主动地参与安全管理活动(Mullen & Kelloway, 2009)。

对员工的安全行为的细致分型有助于深化对管理者领导风格及员工安全行为的理解。首先，可以将安全行为分为安全规章遵守方面的行为(安全遵守)和主动参与安全活动的行为(安全参与)两个类别。此外，有学者从不同的视角对安全主动类型行为进行了分析，提出了“安全沟通行为”“安全举报行为”“安全主动行为”“安全参与行为”四个既有联系，又有区别的概念。

(1)安全沟通行为。安全沟通就是员工向管理者沟通安全方面问题的活动。在早期的建言研究中，很多学者把安全建言与沟通等同(Glauser, 1984; Kassing, 2009; Krone, 1991)，例如，Glauser (1984)认为建言就是在组织层级中的员工沟通行为。从表现形式上来说，建言是通过言语形式表达的行为，强调信息从发出者到信息接收者的传递过程(Van Dyne & LePine, 1998)，即个体自由开放地和组织内其他员工进行工作方面的交流

(Podsakoff et al.，2014)，因而在表现形式上同沟通类似。然而，沟通按照信息流向可以分为上行沟通和下行沟通，而组织行为范式下的建言更大程度上指上行或者同级之间的沟通(Mowbray et al.，2015)。

(2)安全举报行为。很多研究者认为举报(whistle-blowing)是员工把违反安全操作规程的活动透漏给能够阻止此类活动的实体，例如组织内部管理者或外部群体(Near & Miceli，1985)。从结果上看，举报和组织行为学范式下的建言能够同样实现利他的效果，如从目的来说举报行为是为了制止某些破坏行为，因而在一定程度上和抑制型建言行为类似(LePine & Dyne，1998)。然而，举报行为与建言行为也存在着较大的区别，首先，从结果来看，建言是利于组织的，而举报利于社会，但不一定利于组织(Miceli，Near & Dworkin，2009)，如个体向组织外的第三方举报组织的不合法、不道德的经营活动，往往会给组织带来消极结果；其次，从发起者来看，建言的发起对象是组织内的个体，而举报的发起者可以是来自外部的个体(Morrison，2011)；最后，从目的来看，建言具有建设性的主观意图，而举报者的意图往往不得而知。

(3)安全主动行为。主动行为(proactive work)是指个体主动改善当前形势或营造新的形势，旨在挑战现状而非适应现状(Crant，2000；Sonnentag，2003)，其内涵较为广泛，包括员工主动的社会化行为，主动寻求反馈，主动应对压力、创新、角色外行为等(Parker，Williams & Turner，2006)。主动行为和建言的共同之处在于，二者都是自愿的、利他的；区别在于建言作为一种主动沟通行为往往意味着挑战现有权威，具有一定的人际风险。作为角色外行为的一种，从隶属关系上来看，建言只是主动行为的一种特殊形式。

(4)安全参与行为。参与行为(participation)在早期的研究中被当作建言行为的一个要素，研究者认为建言就是员工或工会向管理部门表达抱怨，并参与决策过程的行为(McCabe & Lewin，1992；Pyman et al.，2006)。特别是在安全管理领域中，研究者普遍认为安全参与(safety participation)是指那些不直接致力于个人绩效却有助于提升工作环境安全的行为，包括自愿的安全活动、帮助同事处理安全问题、参加安全会议等(Neal & Griffin，

2006)，因而包括安全建言行为(Neal, Griffin & Hart, 2000)。然而，后来的研究者发现安全建言和安全参与存有较大的区别：第一，从主动性的层面来说，安全建言并非组织工作文本中规定的义务，而诸如参加安全会议、推进安全实践等安全参与行为在很多组织内是本职工作的一部分，而非角色外行为；第二，从人际风险的层面来说，安全建言往往面临着较高的人际风险，即认为当前的安全管理出现了安全变异，而很多安全参与行为并不存在人际风险(Tucker et al., 2008)。

不仅如此，基于主动型安全行为，例如提出安全建议等行为的分析，领导风格也是安全主动行为的重要影响因素。首先，从安全行为供需层面来说，领导是员工安全主动行为的接受者。员工安全主动就是意图通过向相关部门表达安全建议和担忧，从而实现安全现状的改变。基于安全主动的"价值性"(即"说了有用")特征，当员工产生对安全相关的担忧之后首先会向具有影响和改变安全现状的力量的管理者表达意见，作为拥有能够进行安全干预工作相关资源和权力的实体，领导是员工表达安全意见和担忧最重要的对象。基于安全主动的"主动性"(即安全主动是"主动行为")特征，领导是激发员工内在动机进而表现主动性的重要因素。不同的领导的行为方式对个体究竟是选择对安全问题闭口不言，还是积极地向相关部门主动献策具有重要影响，因而其行为风格就成为影响员工行为的重要前因。其次，从安全主动驱动力的角度而言，领导拥有工作相关的资源，并能通过奖惩措施等影响员工。具体来说，一方面，从制度贯彻和执行上来看，领导通过对组织的政策把控影响员工的社会化过程，进而通过制度内化、氛围认同实现员工的遵从；另一方面，从关系互动过程来看，领导与员工的互动较多，因而更多的是通过在互动过程中的言传身教直接影响员工行为。基于安全主动的"风险性"(安全主动具有人际风险性)特征，员工安全主动的发生对外部情境因素具有较高的诉求。在互动过程中，员工通过对一线领导表现出的情绪、态度、行为等特征的解读，最终决定其是否进行安全意见和建议的表达。因而可以推断，领导风格对员工安全主动行为具有至关重要的作用。

基于现象嵌入式的过程视角，领导力是影响安全主动产生的一系列因素的源泉。具体来说，一方面，领导是影响员工发现安全隐患、识别安全问题的重要因素。研究发现，变革型领导通过赋予员工以较多的工作自主权和多元化的支持，增强员工的工作控制感，从而促使员工感知到较高的权力感（Lu et al.，working paper），而权力感知较高的个体往往对安全问题具有更高的容忍度，因而导致安全问题识别水平的降低（Lu et al.，working paper）；同时有研究发现变革型领导能够正向影响员工的心理所有权，进而强化员工的工作责任（Avey et al.，2009）。而且研究团队在调研中发现，感知到的责任感增加又会消除员工工作中“想当然”的安全态度，促使员工识别更多的安全隐患。另一方面，领导是影响员工安全主动的重要因素。无论是通过领导—成员关系的构建（Hofmann & Morgeson，1999；Hofmann，Morgeson & Gerras，2003），员工个体动机的激发（Neal & Griffin，2006；Mullen & Kelloway，2009），还是通过团队氛围的营造（Barling et al.，2002；Clarke，2006；Kelloway et al.，2006），领导对员工安全主动行为的塑造都具有至关重要的意义。所以，在一定程度上来说，以领导为突破口来研究安全主动的产生，其结论具有更高的普适性。因而，本研究将聚焦于领导风格对安全主动的影响机制，通过对安全主动发生的背后逻辑链条的刻画，增进我们对领导风格和安全主动关系的理解。

一、交易型领导和变革型领导理论框架

学者们对领导力这个概念从不同的视角提出了无数个理论模型，变革型领导和交易型领导是由Burns（1978）提出后经Bass（1985）进行系统归纳后而形成的两种领导风格。其中，变革型领导指“领导者通过理想化影响（idealized influence）、鼓舞性激励（inspiration）、智力激发（intellectual stimulation）和个性化关怀（individualized consideration）促使员工关注长远利益”（Bass，1999）。这一领导力不仅关注追随者的成熟度和管理绩效水平的不断提升，而且关心员工的成就需要、自我实现需要，以及关心他人、组织和社会福祉需要的实现和满足，更多的是通过激发员工内在的动机去追求个人绩效的不断提升以及保持与组织利益的高度一致。交易型领导即指“领导者通过建立与下属之间的交换关系来实现领导者个人利益”这一过程

所展现出来的行为模式(Bass, 1999),其主要通过让员工关注并理解什么样的行为会获得奖赏以及什么样的行为会带来惩罚,从而规范和引导员工行为,更多地强调通过外在的奖惩手段激发员工的外在动机,进而规避组织所不容许的行为,重复组织所提倡的员工行为。

在 Burns 和 Bass 看来,变革型领导风格包含四个维度,即理想化的影响力、鼓舞性激励、智力激发和个性关怀。其中:(1)理想化的影响力是由领导者的个性魅力而带来的员工的崇拜和追随;(2)鼓舞性激励是指领导者通过让员工明白领导者对员工的期望,从而激励员工去积极实现领导者的这一期望;(3)智力激发是指领导者鼓励员工挑战自我,不断通过新知识的学习实现自我能力的提升;(4)个性关怀是指领导者设身处地地对员工进行关心,为其考虑,耐心倾听员工心声,不断地培育和发展员工(Judge & Piccolo, 2004),并为员工遇到的工作困难以及生活困难提供多样化的支持。而交易型领导风格包含三个维度,即权变奖励(contingent reward)、例外管理(management by exception)和自由放任(laissez-faire),其中:(1)权变奖励是指通过与员工之间设立明晰的交易标准实现对员工行为的约束和规范;(2)例外管理即在事件发生前进行及时干预以避免消极事件的产生以及在消极事件产生后进行干预;(3)自由放任指领导拒绝决策、不进行干预甚至缺席管理,因而被很多后来的研究者视为独立于变革型领导和交易型领导之外的一种风格(Avolio, 1999; Bass, 1998),这一分类方式也被后来的研究者广泛接受(G. Wang et al., 2011)。

研究者对于领导者的效能机制进行了分门别类的探讨,如变革型领导行为通过影响员工的认知程度、动机水平和情绪状态进而影响个体行为。经过对以往理论研究的系统梳理,结合以往的理论研究框架的基础,我们认为变革型领导和交易型领导主要通过两种途径影响个体绩效,即工作导向、关系导向(Behrendt, Matz & Göritz, 2017)。其中工作导向主要指领导通过深化员工对工作的理解,提升员工的工作动机,强化员工的工作执行;而关系导向主要是指领导通过增强关系协调,缓解关系冲突,提升员工间的合作精神,进而激活员工的内在动机等资源,具体如图 8.1 所示。

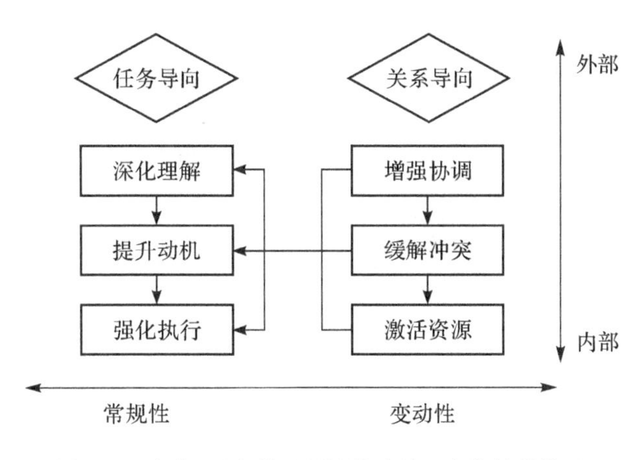

图 8.1　变革型/交易型领导影响员工个体绩效模型

二、变革型/交易型领导对任务型绩效作用的理论分析

任务导向即领导直接面向实现具体目标任务的过程，通过直接聚焦任务本身而实现共享目标，主要可以分为深化理解、提升动机、强化执行三个方面。其中：深化理解，即领导为员工提供工作相关的信息，提升员工对工作任务评估的准确性而促使员工进行积极的行为调整；提升动机，即通过与员工之间的不断互动，让员工考虑多种可能的目标结果方案，并对可能的目标方案的可行性进行细致的权衡，从而在组织目标细分为个体目标的基础上，实现目标转化为个体对目标承诺的过程；强化执行，即通过领导—成员互动过程，让员工仔细思考如何最好地贯彻和执行既定的目标方案，从而保证目标工作绩效，具体如图 8.2 所示。

(1)深化理解。深化理解的前提条件是要对当前情况进行科学准确的判断和评估，以产生与工作任务相匹配的方案策略(Achtziger, Gollwitzer & Sheeran, 2008)。工作特征理论表明，工作意义、工作责任、工作相关知识与技能是个体工作动机的重要构成部分，也是员工工作绩效的重要影响因素(Hackman & Oldham, 1976)。而作为工作环境的塑造者和组织的代理人，领导可以通过对未来的方案结果进行评估、原因分析，为员工提供相关信息和相关的支持，从而让员工对工作具有更为深刻的理解，进而保证个体工作绩效的实现。如 Griffin(1981)发现能够影响员工对于工作理解的五大

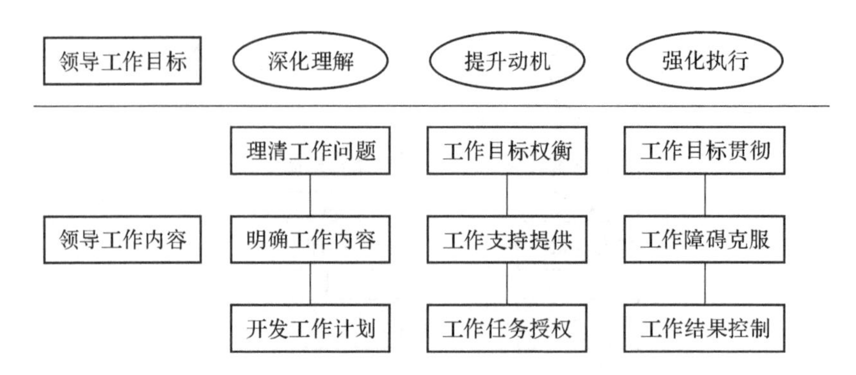

图 8.2　变革型/交易型领导影响任务绩效模型

备注：改编自 Behrendt 等发表在 *The Leadership Quarterly* 期刊上的文章"An integrative model of leadership behavior"(2017 年第 28 卷第 1 期)。

主要因素包括：①技术；②组织结构；③同事；④员工的个体特征；⑤直接领导。研究发现导入相应领导行为的实验组，他们对核心工作的理解得到了更高的评价，尽管他们的具体行为并没有较为具体的变化，但是员工的实际工作绩效已经有所提高。Griffin 对于这一研究结论的解释是，认为来自主管领导的信息暗示可能会让员工对自己的任务有更为深入的看法。这一观点得到 Shamir，House 和 Arthur(1993)的支持，他们建议应该导入领导者的个人价值观，通过智力激发让员工对于组织和工作具有更为深刻的理解，从而提升员工的工作绩效。Piccolo 和 Colquitt(2006)则更为直接，他们通过实地发放问卷的方式研究发现，变革型领导可以通过寻求新的视角、开发新的工作方式来实现对员工的智力刺激，从而让员工对工作任务具有多样性的感知和思考。同时，领导者通过指导员工进行多元化的思考，并提供及时有效的反馈，让员工对工作特征具有更为深刻的理解，进而提升员工绩效。此外，还有研究发现，变革型领导通过强化员工对于工作意义的理解，从而增强其个体幸福感(Arnold et al.，2007)，进而提升员工的工作满意度和个体绩效水平。

同时，计划行为理论指出个体对于工作的信念，是一个人的意图和行为的主要决定因素，即员工感受到领导的支持态度，会坚定工作信念，进而影响员工自身的行为模式。研究发现，变革型领导不仅直接增强了员工的客户导向，而且通过提升员工感知的主观支持程度间接地提高了员工的客户导向(Liaw, Chi & Chuang, 2010)。同时，Jung, Chow 和 Wu(2003)对中国台湾地区的32家大型电子电信公司进行研究，发现变革型领导积极影响员工的工作支持感知进而影响员工的创新行为，后续的很多研究也支持了这一观点(Cheung & Wong, 2011; Gumusluoglu & Ilsev, 2009; G. Wang et al., 2011)。

(2)提升动机。当员工理解工作特征之后，领导的任务就是将团队或组织的共享愿望转化为个体的工作动机和目标承诺(Achtziger et al., 2008)。作为组织的代理者和组织资源的控制者，领导通过个体目标和组织目标的有机结合，让员工积极考虑可能的工作目标及其后果，权衡不同目标的可取性，从而影响员工的工作方向的调整以及投入的努力程度。

第一，基于社会交换理论，个体之间的任何互动都是资源的交换(Homans, 1958)。交换的资源可能不仅仅是有形的(例如商品或货币)，也可以是无形的(如社会福利或友谊)，其基本假设是保持交换双方良好的交换关系对双方都是有利的(Blau, 1986)。基于这一逻辑，组织行为学研究普遍认为，变革型领导通过为员工提供个性化关怀、工作相关的支持等让员工产生了对领导的义务感，进而使员工提供相应的工作行为作为回报；而积极的交易型领导可以通过提供必要的奖励和经济报酬，使员工形成相应的报答义务而表现出领导期待的行为。例如，Howell 和 Hall-Merenda(1999)对317名员工进行为期一年的研究发现，变革型领导和主动的交易型领导(权变奖励、例外管理)通过影响领导—员工交换关系进而积极影响下属绩效；Wang 等(2005)通过对中国的162对领导—员工进行研究，发现变革型领导通过构建良好的上下级交换关系而激发员工的工作动机，进而使员工表现出更多的组织公民行为。这一研究结论得到了很多后续研究结论的支持(Herman, Huang & Lam, 2013; Tse, 2008; Uhl-Bien, 2006)。

第二，自我决定理论指出，动机是影响个体行为的重要因素。研究认为，有两类动机主导着个体行为，即内在动机和外在动机。其中内在动机指做某事完全出于它本身就很有趣或者能给个体带来积极的体验；外在动机是指做某事是因为既定行为能够为个体带来所期望的外在结果(Gagné & Deci,

2005)。基于这一逻辑,变革型领导可以通过激发员工的内在动机,实现员工的内在需要和工作意义的有机结合,从而有效激励员工以达成更高的绩效水平;而主动的交易型领导则通过个体外在目标和组织目标的有效结合,实现组织规定的绩效目标。例如,Charbonneau, Barling 和 Kelloway(2001)对 168 名大学体育运动员进行跟踪研究,发现教练的变革型领导风格正向影响运动员的内在动机。具体来说,变革型领导的智力激发能够促进运动员对于运动知识的理解和学习;变革型领导的感召力能够提升运动员实现既定目标的自信程度。Shin 和 Zhou(2003)对来自 46 家韩国公司的 290 名员工和他们的主管进行问卷研究,发现变革型领导风格激发员工的内在工作动机进而实现员工创造力的提升,这一研究结论也得到了诸多后续研究的支持(Barbuto Jr, 2005; Bono & Judge, 2003; Conchie, 2013; Zhang & Bartol, 2010)

第三,计划行为理论提出,员工可以根据领导传达出的价值观、态度不断调整自我行为以实现目标绩效。如 Mullen 和 Kelloway(2009)对 21 个卫生组织的 51 名领导和 115 名员工进行配对调查,研究发现变革型领导正向影响员工对于领导安全态度的感知进而影响员工的安全遵守和安全参与行为;Herman 等(2013)对一家大型的电信公司的 490 名全职员工进行调查研究发现,变革型领导负向影响离职意向,从而负向影响员工的离职行为。

第四,心理所有权理论指出,当员工感受到自己对于工作的责任感时,便会产生较强的工作动机以提升工作绩效。例如,Ghafoor 等(2011)对电信公司的 270 名员工和经理进行问卷研究,发现变革型领导方式正向影响员工的心理所有权程度,进而积极影响员工的工作绩效;Park 等(2013)对韩国公共部门的 214 个研究样本进行了结构方程模型分析,发现变革型领导正向影响员工的心理所有权感知进而积极影响员工的组织公民行为,后续的元分析也支持这一观点(Dawkins et al., 2017)。

(3)强化执行。领导不仅要让员工理解工作要求和工作意义,时刻保持高昂的工作动机,还需要将组织目标落实到员工的行为上,从而产生经济绩效。因而除了强化工作理解,激发工作动机,领导风格同时还兼具形成适当的计划方案,确定执行的最佳时机,并促进成功执行以实现绩效提升的作用。

第一，基于强化理论，个体会根据某一行为带来积极或消极结果而表现出对既定行为的重复或停止。具体来说，当某种行为能够为个人带来积极结果时，个体便会重复这一行为；相反，当某一行为给个体带来不利后果时，个体的这种行为便会逐渐消失。作为组织资源的控制者，领导可以通过正面的奖励行为，塑造工作榜样或奖励工作绩效优异者，激发员工对目标榜样的行为进行学习和模仿，促进员工表现出组织所期望的工作行为(Jung et al., 2003)；同时，惩罚消极行为，让员工感知到这种消极行为带来惩罚的必然性，进而消除员工的消极行为。

第二，基于调节焦点理论，个体通过两个共存的系统(促进型系统和抑制型系统)来调整个体不同的行为，进而满足其不同的目标需求(Scholer & Higgins, 2010)。研究发现个体的调节焦点可以分为两类，即促进型调节焦点和抑制型调节焦点，其中促进型调节焦点的个体聚焦于外在奖励，关注个人的进步和成就感，着力于个人成就需要和自我实现需要的满足，强调对个人理想状态的不断追求；抑制型调节焦点的个体关注外在威胁，聚焦于个人义务和责任的履行，着力于个人生存需要、安全需求等低层次需求的满足，强调对基本责任和义务的履行和实现(Lanaj, Chang & Johnson, 2012)。在这一理论范式下，Kark 等(2015)研究发现，变革型领导能够激发员工的促进型调节焦点(promotion focus)，此时员工更加关注如何获得潜在的收益(由于组织安全流程的改进而为自己带来的好处)，因而表现出进行更多的安全参与行为；交易型领导能够触发员工的抑制型调节焦点(prevention focus)，此时员工更加关注如何避免遭受潜在的安全损失(由于安全操作流程的违反而带来的处罚)，进而表现出更多的安全遵守行为。

第三，基于社会交换理论，领导赋予员工以资源和自主权，员工就应当用相应的工作行为予以回报。因而，变革型领导可以为员工提供个性化关怀和多元化支持，让员工产生互惠性感知，进而强化员工的工作执行力；同时，交易型领导通过权变奖励与负向的例外管理强化员工遵从。如安全管理领域内的研究证明了变革型领导和安全参与、安全遵守之间具有较为稳定的正向关系；同时，主动的交易型领导与个体的安全遵守行为也具有较为稳定的正向关系(Breevaart et al., 2014; Clarke, 2013; Inness et al., 2010)。

总的看来，任务导向型的变革型领导和交易型领导通过增强员工对于工作任务的理解来保证目标制定过程的科学性和合理性，激励员工将组织目标计划转化为个人承诺，并保持高昂的工作热情以推动计划方案的实施和绩效目标的达成。当然，不容忽视的是，在适当的阶段匹配适当的领导风格对于绩效的提升应该是有益的，否则可能会适得其反。

三、变革型/交易型领导对关系型绩效作用的理论分析

关系导向即领导通过构建与员工之间的良好关系互动，影响员工在目标实现过程中的努力投入程度。在安全管理情境中，关系型安全绩效可能表现在员工发生更多的安全主动性行为，而不仅仅是对安全规章和指令的遵守和服从。通过对以往的理论研究进行系统梳理，我们发现变革型领导风格对情境绩效的效能机制主要表现在以下几个方面：(1)促进协调以实现员工个体努力的同步化，进而缓解关系冲突（“我要”配合其他个体或部门，完成系统目标），即通过培养分工协作思维解决了群体之间的协调缺失，缓解群体之间由目标的不一致以及观念分歧造成的冲突。(2)强化群体观念，鼓励个人贡献，即激发主动性（“我应”为了团队或组织目标承担更多的角色外工作），通过促进群体参与来弥补集体的损失，让每个小组成员贡献自己的独特能力，并让团队成员理解他们最大化的努力是实现共同目标的必要条件。(3)激活员工资源，即增强自我的完成信念（“我能”完成既定的工作目标），即通过对目标行为和结果创造积极的态度来解决团队参与的问题，让员工意识到“我们可以”的氛围，并通过奖励和行为塑造增强个体驱动力，维持个体行为始终与群体目标方向保持高度一致。

(1)增强团队任务的协调性。领导“促进协调”的主要途径是通过构建合作氛围来实现群体之间沟通强度的增强，防止团队成员偏离组织或团队目标。目前领导风格影响群体协调的理论解释主要集中在领导风格影响群体的氛围从而提升其群体协调性上。例如，Sarros，Cooper 和 Santora(2008)通过对澳大利亚的私营部门组织的 1158 名管理者的调查分析发现，变革型领导与组织创新具有显著的正向关系，其认为存在这一正向关系的原因在于变革型领导营造了积极的创新氛围，从而提升了组织的创新绩效。

另外，Zohar 和 Tenne-Gazit(2008)以以色列的军队为研究对象，对 5 个旅的 45 个团的士兵进行研究，发现变革型领导与群体的安全氛围强度具有显著的正向关系，原因在于变革型领导激发并提升了士兵群体中的人际沟通网络的密度(士兵间的沟通关系和沟通频次)，从而增强了士兵群体的安全氛围强度。此外，Eisenbeiss, van Knippenberg 和 Boerner(2008)对 33 个项目开发团队进行研究，发现变革型领导正向影响团队"追求卓越的工作氛围"进而正向影响团队的创新能力。Zohar(2002)通过对 42 个工作小组进行分析，发现变革型领导积极影响安全氛围，从而降低事故发生率，而交易型领导的效果较差(其中，主动交易型领导在安全承诺较高的情况下能够正向影响安全氛围，从而降低安全事故的发生率；而消极领导则会负向影响安全氛围，进而正向影响安全事故发生率)。总体而言，探讨变革型领导和交易型领导风格影响氛围构建而作用于员工绩效的理论研究比较丰富(Bono & Judge, 2004; Koene, Vogelaar & Soeters, 2002; Sarros et al., 2008)。

(2)激发员工主动性。基于组织"分工协作"的原则，要实现组织内个体努力的"1+1>2"的协同结果，不仅需要构建相互协作的工作氛围，还需要领导通过"促进合作"增进群体参与，进而提升组织效能。即让员工理解到每一位成员的独特贡献对于群体绩效都是不可或缺的，因此每个人都需要投入个人努力去实现组织的共同目标。因而，从作用方式来看，领导风格在这一过程中的功能是身体力行地"说服"每一位团队成员，让他们意识到他们最大的努力是实现共同目标所必需的，进而促使团队成员积极主动地贡献自己的独特能力。经过系统梳理，我们发现主要有以下理论解释框架。

第一，授权理论认为，个人对工作任务的评价主要基于感知到的意义感，因而领导应该增强员工对工作的控制感和意义感，从而提升员工的工作主动性。Avolio 等(2004)研究发现，变革型领导为员工提供决策参与机会、多样化的支持手段以及赋予工作自主权，提升员工的心理所有权程度，进而激发员工的积极主动性；Özaralli(2003)对 152 名来自不同行业的员工进行研究发现，员工自我报告的上级的"变革型领导风格"正向影响员工的授权感知的程度，进而正向影响团队效能。还有研究结果表明，相比较于感知到的变革型领导风格较低的个体，感知到变革型领导风格较高的个体自我报告的授权感知水平较高,团队的效率更高。实证研究中得出相似研究结果的研究也不少见(Jung & Sosik, 2002; Kark, Shamir & Chen, 2003)。同时,有研究发现变革型领导提供多元化的支持、个性化的关怀,赋予工作自主权等工作资源,正向影响员工的工作参与程度(Meyer, Brooks & Goes, 1990)。

第二,计划行为理论认为,个体对目标行为预期的态度、体验到的工作控制感以及感知到的团队规范压力是预测个体行为的关键因素。而变革型领导通过为员工提供工作支持、赋予员工以工作自主权等手段,能够显著增强员工的工作控制感,进而影响员工行为。研究发现变革型领导对个体和组织层面的创造力都具有显著的影响。具体来说,变革型领导风格能够正向影响员工的领导支持感知,进而正向影响员工的创造力(Gumusluoglu & Ilsev, 2009)。

第三,社会交换理论认为,个体之间的关系本质上是一种交换关系。基于互惠原则,个体为了与其他个体建立并保持良好的交换关系,获得一定的报酬,就必须以付出相应的义务作为报答。变革型领导为员工提供多样化的支持、决策参与机会,并为员工提供个性化关怀,有助于在领导与成员之间建立良好的社会交换关系,从而激发员工的报答义务感,并提供相应的行为作为报答。如有研究发现,变革型领导构建与员工的良好的社会关系,从而正向影响员工的角色外行为(Wang et al., 2005);同时,有研究发现变革型领导正向影响员工对领导的信任程度,从而正向影响员工的角色外行为(Podsakoff et al., 1990)。

第四,调节焦点理论(Regulatory Focus)描述了具有不同焦点的个体如何基于预期结果调整自我行为(Higgins, 1998; Higgins, Shah & Friedman, 1997)。该理论认为调节焦点按照稳定程度分为促进型调节焦点和抑制型调节焦点两种,其中促进型调节焦点的个体更加关注奖励,聚焦于未来的成就和理想抱负的实现;而抑制型调节焦点的个体更加关注惩罚,聚焦于自我的义务和责任的达成。研究发现,变革型领导风格能够激发个体的促进型调节焦点,从而强化员工的安全参与以提升组织的安全绩效;而交易型领导风格能够触发员工的抑制型调节焦点,从而强化员工的安全遵守行为，以避免安全事故的发生(Brockner & Higgins，2001；Kark & Van Dijk，2007)。

第五，工作需求—资源模型(job demand-resource model)认为工作自主权是一种关键的工作资源，对员工的工作参与具有重要意义(Bakker & Demerouti，2007)。因而，领导应该允许个人任务具有自主权，允许对集体决策产生影响。研究发现，变革型领导赋予员工工作自主权、鼓励员工参与决策，即赋予员工以较多的工作资源，从而让员工感知到更多的对于领导的义务感，继而更加遵从安全规章制度。类似的聚焦于"领导风格—个体主动性"关系的实证研究较多(Avolio et al.，2004；Kent & Chelladurai，2001)。

(3)激活员工的工作资源。一方面，在组织或团队层面，领导可以通过构建积极的合作氛围提升工作绩效；另一方面，也可以通过提升个体的主动性、激发个体效能来实现员工工作绩效的提升，即通过"激活资源"，让员工对"要实现的工作任务"或"需要达成的工作绩效目标"充满信心，从而激励员工更加积极主动地投入工作。一般来说，领导人应该通过提高个人自我效能、加强积极的群体身份认同和奖励有价值的贡献来激活员工的"资源"，即通过创造"我们可以"的工作氛围，让员工在正确的时间和正确的方向上时刻保持较高的内驱力。这一过程中领导风格对员工行为的塑造和作用关系的研究，主要有以下研究视角。

第一，自我效能理论认为，个体对能否完成既定目标的主观判断、信念影响着个体的行为。该理论发现有四类因素能够强化自我效能：口头说服、情绪激励、个人成就动机、榜样的成功。基于这一逻辑，变革型领导能够通过智力激发激发员工的成就动机，从而强化员工实现既定目标的信念。如Gong，Huang 和 Farh(2009)研究发现，变革型领导风格与员工的创造力呈显著的正相关关系，研究认为其原因在于变革型领导风格(如智力激发)正向作用于员工的创造力自我效能，进而提升了员工的创造力；同时，Liu，Siu 和 Shi(2010)通过对北京的 745 名员工的调查发现，员工的自我效能感中介了变革型领导风格对员工工作满意度的作用。类似的实证研究较多(Nielsen et al.，2009；Pillai & Williams，2004)。

第二，替代性学习理论认为，个体不仅能通过对直接经验的学习实现个体行为的改变，也能通过观察其他的示范者而实现个体行为的改变。对于变革型领导来说，其通过为群体塑造角色榜样、赋予角色榜样以多样化的奖励实现其他个体对角色榜样的模仿，从而让员工更多地表现出组织或领导期待的行为。例如，Gong，Huang 和 Farh（2009）认为变革型领导风格富有超凡魅力和鼓舞人心的内涵，因此能激发下属关注并模仿领导行为；同时，变革型领导可以塑造主动寻求改变以持续提升工作绩效的员工榜样，从而实现其他员工的社会学习过程。即一方面以身作则地通过参与智力激发，设定创意的期望，为员工提供创造性的榜样；另一方面通过榜样塑造的影响，变革型领导者增强了追随者开发新想法的能力，并培养了员工质疑不合时宜的操作规则的价值观念。

第三，组织认同理论，当个体与群体具有较高的一致性时，个体便有动机去表现出组织所期望的行为（Ashforth & Mael，1989）。基于这一逻辑，变革型领导可以通过对员工的组织或团队认同的培育，激发有强烈认同感的追随者更加努力地工作，完成具有挑战性的任务并提高个人绩效。如 Wang 和 Howell（2012）基于自我概念理论模型，研究发现变革型领导可以通过鼓励追随者的认同从而积极主动地提升个人绩效。并且，研究认为其原因在于变革型领导一方面通过奖励制度的构建来鼓励和强化员工的追随，另一方面通过对员工的个性化关怀来实现员工的追随，进而接受领导者的信念和价值观，表现出领导所期望的行为。

三、交易型/变革型领导对员工安全行为的关系模式预测

从 Bass 等提出的“变革型领导力”和“交易型领导力”模型来分析领导风格对安全行为的影响，有助于理解领导风格对安全行为的作用机制。因为，首先，从概念内涵上来说，变革型领导力和交易型领导力涵盖了多种领导风格的特征，具有较高的广谱性（B. M. Bass & Avolio，1989；Rowold，2006），其对安全建言的影响效应具有较强的普遍意义。同时，变革型领导力和交易型领导力被认为是安全管理中的两种最为普遍的领导风格，其对员工的安全行为塑造具有较为重要的意义（Clarke，2013；Mullen & Kelloway，2009），因而在安全情境下深入探讨上述两种领导风格和员工建

言之间的关系，有助于理解领导和建言之间关系在安全背景下的具体特征。其次，从实践层面来看，管理实践表明在安全情境下，领导主要通过以下两种方式来塑造员工行为。第一，通过奖励安全遵守行为、惩戒安全违反行为来激发员工的外在动机，强化员工对安全规章制度的执行和贯彻，从而规避违规操作所可能导致的安全事故和安全风险。第二，通过鼓舞员工和个性化的支持，激发员工内在动机积极贯彻组织的安全价值观，在强化遵守的同时激发员工致力于改进工作条件、提升组织的可靠性和抗风险的韧性。而第一种方式与交易型领导的内涵具有较高的一致性，即通过权变奖励和例外管理，实现对员工行为的控制，降低员工的安全行为变异；第二种方式则与变革型领导具有较高的一致性，即通过鼓舞性激励、个性化的关怀以及智力激发等激发员工内在动机，从而员工积极地参与安全管理活动，以规避工作场所的安全事故，实现安全绩效的不断提升。

基于具体概念内涵的逻辑关系分析，变革型/交易型领导力的内涵和安全建言可能存在着多种关系模式。具体来说：(1)领导通过理想化影响鼓励员工把关注焦点转向职业安全，远离目前的短期利益，进而主动承受生产力压力以实现安全绩效的维持和提升。具有较高理想化影响力的领导者，通过个人承诺将职业安全作为核心价值，提升追随者的信任和忠诚，实现对员工行为的塑造(Barling, Weber & Kelloway, 1996; Pillai, Schriesheim & Williams, 1999)。(2)领导通过鼓舞性激励，促使员工超越个人利益，为集体安全利益考虑。领导通过说服他们的追随者，让追随者认识到其可以达成以前认为是无法实现的安全级别，并把这种激励内化为自我的安全使命。(3)领导者采用认知启发以激发追随者去思考工作场所的安全问题，激励他们以职业安全的创新方式进行思考，并鼓励员工为解决职业安全问题而加强有关职业安全和工作风险相关的信息共享。(4)领导通过个性化的关怀，关心员工的利益和感受，在与员工的互动过程中展现出个性化的考虑以帮助员工实现他们的福祉，包括幸福感和工作安全(Barling et al., 2002)。(5)领导通过权变奖励，对组织和领导期待的安全行为进行奖励，同时对不安全行为进行负强化及惩罚，以消除工作场所的违规行为。(6)领导通过例外管理，聚焦于安全现象的关注，以及对安全制度的大力贯彻和推行，通过严密的监督措施来实现对员工行为的塑造和调整，从而增强工作场所的安全可靠性。而上述种种安全措施与变革型/交易型领导的内涵具有非常紧密的逻辑联系。因而，从内涵和作用方式来看，理论研究范式下的“变革型领导力”和“交易型领导力”的概念与安全管理实践中涌现的安全建言现象更为契合(Clarke，2013)。

总之而言，领导力是预测员工绩效的一个重要变量(Day et al.，2014；Dinh et al.，2014)，而作为其中最为重要的议题之一，变革型领导和交易型领导的效能机制得到了深入的研究(Eagly，Johannesen-Schmidt & Engen，2003；D. Van Knippenberg & Sitkin，2013)，尤其是这两类领导风格和员工建言行为(作为一种角色外行为的个体绩效)之间的关系更是得到了较为广泛的探讨(Detert & Burris，2007；W. Liu et al.，2010)。然而，从现象嵌入式的过程视角来探讨领导风格和问题识别以及安全行为关系的研究还相对比较缺乏。诸如上文所述，以往的理论框架存在着解释力较弱的问题，例如以往安全建言相关研究采用的社会交换理论解释框架，在安全管理领域的解释力有限，难以涵盖所有的关键的概念范畴，而且很多安全行为的逻辑与社会交换没有必然的联系。并且，一方面，安全管理情境具有高度压力的特征，资源损耗和获取更为明显(Hammer et al.，2016；Israel，1996；Kelloway，Nielsen & Dimoff，2017；Rundmo，1995)；另一方面，无论是员工的问题识别还是问题汇报过程都涉及资源的保存和获取(Ng & Feldman，2012；Seibert et al.，2001)，因而在涉危行业组织内采用资源保存理论的视角来探讨领导风格和员工的问题识别及安全建言等安全行为之间的关系，具有较好的理论契合性的现实匹配度。研究者可以采用资源保存理论探讨两种领导风格和安全行为的关系机制。

第九章 领导风格与员工安全建言

安全事故调查报告和实证研究结果都表明，事故发生的一个重要原因是员工隐藏自己对于工作安全相关问题的看法而不向管理层表达(Probst et al.，2008；Probst & Estrada，2010)，一些重要的关于安全隐患的信息线索常常被员工忽视了，组织因此也丧失了识别隐患并及时应对的宝贵机会。因此，安全管理的核心问题之一是如何让具有观点的个体消除个人顾虑并积极地表达其对于安全管理工作的相关看法，将安全隐患消除在萌芽状态之中，从而有效避免安全事故的发生。

在安全管理研究文献中，瞒报是受到关注的课题。一般将瞒报(underreporting)定义为隐匿安全事故或安全隐患的行为，包括企业组织对相应的公共行政部门及其他外部利益相关者瞒报、组织内员工对管理者隐瞒以及各内部单元对组织隐瞒两类情形。美国自从逐步建立起系统的生产安全监察机构之后，安全事故上报是雇主必须履行的责任，但研究者质疑事故统计的完整性，认为企业存在大量的瞒报行为(Ruser & Smith，1988)。在一项研究中，研究者对比了安全监察部门的数据和医疗保险部门的数据，结果发现取样的建筑企业瞒报了大量的损伤事件(Probst，Brubaker & Barsotti，2008)。企业对公共行政部门及其他利益相关者的瞒报行为的研究可能为公共政策研究提供了有价值的信息(Leigh，Marcin & Miller，2004)，而近年来对企业内瞒报行为的研究，则主要是从组织行为的视角对微观层面的安全管理现象进行审视和理论建构。研究者发现，在组织内部瞒报现象可能也大量存在(Hassel，Asbjørnslett & Hole，2011；Probst & Estrada，2010)，基层主管和员工普遍倾向于隐匿未造成严重后果的安全事件，包括已造成较小伤害或损失的微事故、可能造成伤害或损失的安全隐患事件。对组织内瞒报行为的研究主要聚焦于影响瞒报的情境因素，研究者发现，员工感受到的产量压力(Probst & Graso, 2013)、工作不稳定感(Probst, Barbaranelli & Petitta, 2013)，甚至包括主管对安全的不重视(Probst, 2015)，都可能导致更多的瞒报行为。

另一类安全管理中非常重要的现象是沉默行为，沉默(silence)是指保留可能有用的信息以及不分享其想法的行为(Morrison & Milliken, 2000)。一般认为沉默不是指缺乏报告行动，而是特指员工已经对某问题有了信息、建议或不同意见，但却不进行任何形式的分享。沉默是近年组织行为研究领域受到关注的现象之一。早期研究者对沉默行为个体水平研究的关注聚焦在员工面对不公正的沉默行为现象上(Pinder & Harlos, 2001)，是公平研究的延伸，后来研究者将沉默行为的内涵拓展到公平以外的范畴(Milliken, Morrison & Hewlin, 2003; Tangirala & Ramanujam, 2008a)。Morrison (2014)指出，对沉默行为特别关注是因为研究者存在两个基本的观点：(1)员工拥有可能对组织有用的信息；(2)在多数组织情境中员工不愿意主动分享这些信息。研究者通常认为沉默行为对组织绩效是有负面影响的，但直接对沉默行为与各产出变量关系的研究较少。

与沉默行为高度相关的概念是近年在组织行为研究领域非常受关注的“建言行为”(voice)。早期研究者将建言行为视作员工对不满意的一种反应(Hirschman, 1970)，后来研究者拓展了建言行为的范畴，将建言行为看作一种角色外行为，通常是上行的、寻求改变某种工作中现状的改善性行动(Tangirala & Ramanujam, 2008b; Van Dyne & LePine, 1998)。研究者也区分了建议聚焦的促进性建言和问题聚焦的抑制性建言(Liang, Farh & Farh, 2012)，并分析不同类型建言的前因和结果变量。研究表明建言行为给组织带来改善性的建议，对标准化的流程提出修订意见，对同事和上级的工作提出一些批评性或建设性的意见，因此建言行为通常有利于提升组织的产出绩效。

从概念的表面上看，沉默行为和建言行为似乎是同一枚硬币的两面，沉默的反面即是建言，建言的反面即是沉默。并且从理论分析和实证研究的数量上看，研究者对建言行为的关注超过了对沉默行为的关注。但Morrison指出，对建言行为的研究不能取代对沉默行为的研究，因为导致员工建言行为与导致沉默行为的变量和过程可能存在很大的差异，在目前的研究进展下对这两类行为都进行深入的探讨有利于拼接出更有洞察力的理论图谱(Morrison, 2014)。在安全管理领域，对沉默行为的探讨也有非常重要的意义。相对于安全方面的建言行为，沉默是一种发生概率高得多的现象，而且大量的沉默行为在管理实践中与瞒报行为是同时发生的，工作环境中的安全隐患以及同事或主管的安全违规行为，即使有潜在可能威胁到员工的人身安全，员工也极少通过正式或非正式渠道向上汇报，这类沉默现象在很多涉危行业中普遍存在(Bienefeld & Grote, 2012)。此外，研究发现通常采用的激励措施可能对安全隐患排查带来负面的后果，使得员工倾向于隐瞒或沉默，McSween(2003)基于案例研究提出安全管理的一个常见的错误是管理者简单地将安全结果与外部评价和奖惩挂钩，使员工为获得奖励或逃避惩罚而选择隐瞒汇报安全事件，使组织错过调整和学习的机会。近年来国内研究者发现员工沉默行为可能与很多文化因素有关，例如传统的中庸思维(何轩，2009)和组织的圈子文化(张桂平 & 廖建桥，2009)。因此，在安全管理的背景下对沉默行为的探讨具有非常重要的意义(Probst & Estrada, 2010)。

一些学者认为安全事故发生的重要原因并非员工不愿意表达工作安全相关问题，而是他们在工作中过程中缺乏相关的安全意识而没能识别安全问题，研究者呼吁在研究安全建言话题时关注问题识别这一因素(Baron & Hershey, 1988; Dillon et al., 2016)。安全管理案例一再说明这一观点，如2000年7月25日，法国航空协和式飞机4590号航班坠毁，造成100名乘客、4名地面人员以及9名机组人员全部死亡的安全事故。事后调查报告显示，造成本次事故发生的原因是飞机引擎的油箱在轮胎爆胎时受损而破裂，而此次事故发生之前曾出现过约57次协和式飞机轮胎在起飞前发生爆炸或偏转的现象，甚至有一次出现了飞机燃料泄露而没有着火的情况，但是员工由于缺乏安全意识而没有识别出这一安全隐患。

目前对于安全问题识别的研究较少，从理论研究的成果来看，仅Dillon

等学者对该话题有一定的关注;另外,安全建言的理论研究和问题识别的研究相对比较孤立,没有进行有效的整合的研究,而由于二者概念内涵的差异,安全建言前因变量和作用机制不能直接迁移到问题识别的理论研究中,有研究发现问题识别和安全建言的前因存在着差异,如权力感能够增强安全建言的动机,促进员工积极地表达对工作安全的意见和看法;然而权力感的增强又让员工对安全问题具有较高的容忍度,因而弱化了其对安全问题的识别。而且,从一定程度上来说,虽然有学者认为安全建言的起始点是员工具有工作安全相关的看法和意见(Dillon et al., 2016),然而建言不仅需要向管理部门表达意见,还需要发现问题(Janssen & Gao, 2015),但是这种观点还处于猜想阶段,相关的实证研究比较缺乏。近几年,安全管理领域的学者们开始关注问题识别这一因素对于安全管理的重要意义,开始聚焦于探讨问题识别的前因(Dillon et al., 2016; Dillon, Tinsley et al., 2016),然而相关的理论研究还比较少。因而在安全情境下采用过程的视角看待建言问题,还需要通过研究探讨还原安全建言产生的背后逻辑链条,这有助于我们进一步理解安全建言的全貌。

因此,基于现象嵌入式的过程视角,在我们开展领导风格与安全建言关系的研究之前,首先要确认对安全建言进行过程性看待的合理性,即首先回答问题识别对于安全建言的重要意义,即回答采用现象嵌入式的过程视角研究安全建言的必要性。基于上述分析,我们在研究中首先要还原安全建言的全貌,从而根据内容分析归纳出安全建言产生的背后逻辑。这一过程的展示需要采用多案例对比分析的方法,归纳出问题识别的特征以及其与安全建言之间的关系,从而为采用过程视角来探讨变革型/交易型领导风格与安全建言关系奠定基础。总的来说,研究关注的重点包括:(1)通过案例再现员工的问题识别和安全建言的逻辑链条,从而凸显出安全问题识别对安全建言的重要意义。(2)在过程性地看待安全问题识别和安全建言的基础上,对问题识别和安全建言进行分析,并探讨其不同的内涵。

一、员工建言的理论分析和实证研究

员工常常会面临着表达对工作相关看法或对问题保持沉默的选择。研究普遍认为当员工面临此种情况时，向上级或同事传达对工作的顾虑和看法，有助于发现组织问题、提升组织效能；相反，如果员工对工作相关的问题保持沉默，往往会使组织错失机会，甚至给组织带来灾难（Klaas，Olson-Buchanan & Ward，2012）。基于建言的重要性，学者们进行了深入的研究。

在建言的开创性研究中，Hirschman（1970）通过 ELV（exit，voice，loyalty）模型给予建言以明确定义：建言是向管理部门表达旨在带来变化或改进现有不良状态的行为。其以公司的顾客为研究对象，认为不同的顾客对卖家形成不同的消费态度（loyalty），在此基础上表现出退出（exit）或向卖家建言。从这一定义的研究背景可以看出，其更多的是立足于经济学的视角，聚焦于顾客而非员工。此后，Farrell 在 ELV 模型中加入了“忽视”（neglect）这一维度，并将之运用到组织内的员工研究中，至此建言行为逐渐引起了学者们的关注。由于运用领域较广，领域之间存在差异，前期的理论研究中不同学科流派基于不同的研究范式赋予了其不同的内涵特征，具体如表 9.1 所示。从大的方面来说，根据学科领域的不同，可以把建言的研究分为两类。一方面，基于劳动关系的视角，研究者认为建言是“表达的机会”，如有学者认为建言即“员工向组织表达问题、维护他们利益、解决问题和参与决策”（Pyman et al.，2006），或者“为组织内员工提供发表意见、参与决策的组织机制或结构”（Lavelle，Gunnigle & McDonnell，2010）。从本质上来说，该领域内的建言更大程度上指“任务参与、工作沟通、申述”，与组织内部的“交流沟通”（communication）同义（McCabe & Lewin，1992）。

表 9.1 不同学科领域建言内涵比较

特征类别	劳动关系	组织行为学
表现形式	系统	行为
主要动机	不满意/亲社会	亲社会/正义/不满意
期望类别	角色内行为/角色外行为	角色外行为/角色内行为
利他对象	组织/员工个体	组织/员工个体
正式程度	较为正式	非正式

续表

特征类别	劳动关系	组织行为学
内容形式	工作参与/解决上级的问题/对流程的不满	关于提升的建议/表达对组织的担忧/交流不同观点
关注焦点	决策参与	提升效能

备注：摘自 Mowbray 等发表在 *International Journal of Management Reviews* 期刊上的文章“An Integrative Review of Employee Voice: Identifying a Common Conceptualization and Research Agenda”(2015 年第 17 卷第 3 期)。

另一方面，Van Dyne 和 LePine (1998)把建言的概念引入组织行为(OB)领域后，这一概念在组织行为领域获得了迅速的发展(Detert & Burris, 2007; Liang, Farh & Farh, 2012; Zhou & George, 2001)。在组织行为学研究领域，虽然不同的学者的措辞存在差异，但该领域学者普遍认为建言是个体自由支配的、挑战现状的角色外行为，并认为建言具有以下特征。第一，建言行为是一种自愿行为(角色外行为)，即建言并不属于员工本职工作内容的范畴，员工拥有充分的自主权——可以选择表达，也可以选择沉默。第二，建言是一种言语表达行为，即强调主要采用语言沟通的形式，经过一定的渠道传递给接收者。第三，建言是具有建设性主观意图的行为，并非发泄不满和抱怨，其最终结果有利于提升组织效能或者规避组织问题。第四，建言是“挑战现状”的行为，即建言可能会给建言者本身带来不利的人际关系后果，因此也被一些学者定义为“挑战现状的角色外行为”(Crant, 2000; Dyne, Ang & Botero, 2003; Vandyne, Cummings & Parks, 1995)。从建言行为的形式、内容和目的来看，其与沟通行为、举报行为、主动行为和参与行为等有着紧密的联系，同时又存在着较大的区别，具体如表 9.2 所示。

表 9.2 建言相关概念的内涵及关系

类似构念	具体定义	与建言的关系	文献来源
议题销售	试图将组织的注意力集中到对绩效有影响的趋势和事件上	建言行为的子集，聚焦于具体战略问题相关的信息	Ashford 等(1998)
举报行为	把组织内不道德、不合法的活动透漏给能够阻止此类活动的力量当局	更为广泛，关注内部信息和有问题的外部信息	Miceli 和 Near(1992) Miceli 等(2008)
上行沟通	在组织内让信息从下级往上级流动	更为广泛，包含上级和下属间任何形式的沟通	Roberts 和 O'Reilly (1974)
不满反映	积极地改善不满意的工作条件	狭隘的仅关注不满，广泛的包括安全建言和解决	Withey 和 Cooper (1989)
亲组织行为	组织内成员之间进行沟通交流，以推行自己的想法	比建言行为更为广泛，其中仅两类属于建言	Brief 和 Motowidlo (1986)
参与程序	个人或群体参与决策以改变现状的方式	广泛的结构维度，强调员工建言机制，而非具体行为	Wood 和 Wall(2007)
程序正义	提供机会让员工表达对公司的建议	强调决策参与机会，并不意味着具体行为	Bies 和 Shapiro(1988)
沉默行为	故意隐瞒那些对组织造成潜在危害的信息、想法或担忧	尽管对工作抱有看法，但并不将观点和看法表达出来	Morrison 和 Milliken (2000)

备注：摘自 Morrison 发表在 *The Academy of Management Annals* 期刊上的文章“Employee voice behavior: Integration and directions for future research”(2011 年第 5 卷第 1 期)。

以往安全建言研究隐含的假定就是个体发现了问题，关注如何激发员工进行安全建言。但是，个体对安全问题的识别因人而异，并且这一因素是安全建言的前提和关键，然而没有得到以往安全建言相关理论研究的重视。正如上文所述，不容忽视的是，一方面，由于个体特质的差异，员工对同一安全事件的风险感知不同(Ulleberg & Rundmo, 2003)，对同一安全现象的判断也存在着差异；另一方面，个体在不同的情境下由于所处的环境不同，其对安全隐患的感知程度也存在着差异。相关的研究也支持这一观点，如有研究发现团队安全氛围和任务的重要程度对员工的“险兆事件识别”(near miss recognition，没有导致安全消极结果，但是在极端条件下极有可能转化为安全事故的安全问题的识别，详见 Jones，Kirchsteiger & Bjerke，1999）具有较强的预测力。因此有必要基于现象嵌入式的过程视角，探讨个体安全建言发生的背后链条逻辑，回答安全建言发生过程包括哪些关键环节和核心要素，以及这一逻辑链条是如何发生作用的，研究者应采用现象嵌入式的过程视角，在行业和企业具体的安全管理流程中，观察安全建言的发生过程及其影响因素。

鉴于建言行为的重要性，学者们围绕着它的前因展开了深入探讨。特别是在 Van Dyne 和 LePine（1998）把建言引入组织行为领域之后，建言的研究数量呈不断增长的态势。为了系统回顾建言行为主题下的理论研究，研究团队在 Web of Science 的数据库中以"voice behavior"为关键词，以 1998 年至 2016 年为时间区间进行检索，共获得 4464 篇文献，检索结果显示，自从建言被引入组织行为学领域（Van Dyne & LePine，1998），这一主题便逐渐成为一个研究热点。另外，在建言行为被细分为促进型建言（promotive voice）和抑制型建言（prohibitive voice）两种类型之后（Liang et al.，2012），建言的研究数量开始呈现出逐年增加的趋势。

学者们普遍认为建言是一种具有建设性主观意图的行为，这就意味着建言的基本动机即致力于提升工作单元绩效。因而，本书将以这一动机为基本出发点，从个体因素和情境因素两个角度对建言行为的研究进展进行回顾。目前关于建言的研究主要出现了两个趋势，即从个体因素的关注到情境因素的关注、从关注建言的形式分类到关注建言的内容。

（1）从聚焦激发建言行为的个体因素过渡到关注引发建言行为的情境因素。个体差异理论认为不同个体由于特质不同，其行为绩效往往存在着差异（Motowildo，Borman & Schmit，1997）。因而，可以预见的是不同特质的个体，其建言行为倾向也呈现出差异。如有研究发现尽责性、外向性、开放性的个体特质正向影响关系建言行为，而宜人性和神经质负向影响建言行为（LePine & Van Dyne，2001），外向性和自我效能感正向影响个体对建言机会的珍惜程度（Avery，2003）；还有研究发现个体控制倾向与建言行为呈现出倒 U 形关系（Tangirala & Ramanujam，2008）。同时，Janssen，

Vries 和 Cozijnsen (1998)发现,不同的认知风格偏好会导致个体建言行为的差异。具体来说,相比较于自我调整特质的个体,创新特质的个体不会局限于固定的知识领域内的认知模式,取而代之的是跨越知识边界的思考方式以及更多的建言行为。另外,Lin 和 Johnson(2015)发现,促进焦点聚焦于现状的改进,激发更多的建言行为,而抑制焦点关注消极事件的预防,因而与抑制型建言正相关。类似的,探讨个人特征与建言行为之间关系的研究比较丰富,如性别、工龄等因素(Detert & Burris, 2007; Tangirala & Ramanujam, 2008)。这一研究路径为管理者招聘相匹配的员工提供依据,有助于人力资源管理实践的科学化和精确化。

另外,除个体较为稳定的特质外,个体认知、动机、态度、工作任务特征以及组织情境与建言行为关系及作用机制也受到了广泛的研究。①聚焦于个体知觉,探讨个体感知和建言行为的关系。如有研究发现当员工感知到较低的人际风险时,会倾向于表现出更多的建言行为(Liang et al., 2012); Tangirala 和 Ramanujam (2008)研究发现当个体感知到较低的控制感时,出于改变现状的目的,个体会进行更多的建言行为;而当个体控制感较高时,其对自我的建言行为更为自信,表现出更多的建言行为,因而个体的控制感与建言行为之间呈 U 形关系;另外,有研究发现高权力感知的个体能够不受他人观点的影响,从而可以更为自由地表达建议和意见(Galinsky et al., 2008; Janssen & Gao, 2015)。②着眼于个体的动机,探讨员工动机与建言行为之间的关系。有研究者认为建言是个体获取资源的一种重要方式(Seibert, Kraimer & Crant, 2001)。与此观点类似的是,有研究发现个体通过不断的建言而获得较高的绩效评价并实现个人职业生涯的晋升,当实现晋升之后其建言水平呈现出下降趋势(Hui, Lam & Law, 2000);Lin 和 Johnson(2015)研究发现,建言而带来的时间、精力的占用会导致自我损耗的加剧,经常进行建言行为的个体最终会出于保存资源的动机而减少后期的建言行为。③从个体态度角度,探讨个人工作态度与建言行为的关系。如 Rusbult 等学者研究发现个体的工作满意度与个体建言行为正相关(Rusbult et al., 1988; Withey & Cooper, 1989);个体对组织的心理脱离与个体建言行为负相关(Burris et al., 2008; Detert & Burris, 2007),类似的研究比较丰富(LePine & Dyne, 1998; Liang et al., 2012; Morrison, Wheeler-Smith & Kamdar, 2011)。④立足于个体的工作特征和所属的组织结构因素,探讨工作任务本身以及组织结构特征与个体建言行为的关系。如 Fuller 等学者的研究发现处于组织层次中的那些容易接触到资源、信息的个体会感知到更多改变现状的责任,因而表现出更多的建言行为(Fuller, Marler & Hester, 2006);Stamper 和 Dyne(2001)以工作雇佣形式为研究对象,研究发现全职员工具有更高的责任感,因而会表现出更多的建言行为等。

尽管探讨个体特征对于建言行为的影响可以帮助研究者了解建言行为的个体差异,有助于指导管理实践者在人力资源政策制定时甄选出与工作岗位更为匹配的员工,然而从组织层面来说,如何构建外在条件从而增强员工建言的角色认知、端正员工的建言态度、激发员工的建言动机,从而促进员工的建言行为则是管理实践者更为感兴趣的话题。

社会线索理论认为个体会将环境因素视为信息线索,进而根据不同的线索判断并调整个体相应的行为方式(Dutton, 2002; Dutton et al., 1997)。一方面,从组织的软性环境来看,组织氛围和组织文化与员工建言行为紧密相关。如研究发现良好的组织支持、较好的组织氛围,能够促进个体的建言行为(Dutton, 2002),而反对或阻碍员工建言的组织文化会负向影响员工建言行为(Milliken, Morrison & Hewlin, 2003; Morrison & Milliken, 2000),这一研究结论得到了后来研究者的支持,如 Stamper 等学者研究发现低官僚的文化氛围能够显著促进个体的建言行为(Stamper & Dyne, 2001)。另一方面,从组织的硬性环境来说,组织结构同样对员工建言具有影响。研究发现较小规模的组织结构形式下的员工会表现出更多的建言行为(Islam & Zyphur, 2005; LePine & Dyne, 1998),相比较于传统的团队结构形式,自我管理团队的成员个体表现出更多的建言行为(LePine & Dyne, 1998)。同时,作为组织硬性环境的另一种表征,组织员工建言政策导向与员工建言行为的关系也得到了一定的探讨(Milliken et al., 2003)。从组织环境和员工的互动角度来看,二者之前的互动特征影响员工的建言行为。如有研究发现感知到的组织支持对员工的建言行为具有正向影响

(Ashford, Rothbard, Piderit & Dutton, 1998);Tucker 等(2008)以安全管理为背景,发现组织支持通过影响同事支持的感知,正向影响员工的建言行为等。

(2)建言的内容逐渐成为研究的热点,源于 Hirschman(1970)对建言行为的描述,建言行为要么是聚焦于管理措施的导入而提升当前的组织效能,要么通过规避潜在的威胁而维持目前的组织现状,基于这一描述,后来的研究者把建言行为按照内容分为了如下几种形式。

①一种形式分类法。根据 Hirschman 对于建言行为的定义,LePine 和 Van Dyne (2001)认为建言行为就是致力于改善工作状况的挑战性的行为,具体包含三方面的重要特征:第一,建言行为是一种角色外行为,即员工的这种行为不是组织制度规定员工需要完成的任务。第二,建言行为是对现状的挑战,即员工指出当前组织工作程序、方法可以改进的方向(促进组织向积极结果的方向发展),以及目前存在的潜在问题(避免组织向消极结果的方向发展),都意味着对当前现状的改变和挑战。第三,建言行为是具有人际风险的个体行为,即对当前现状的挑战,势必会触犯到其他员工和权力当局的利益,因而可能会给个人人际关系带来消极的结果。虽然存在着三种特征,但是 Van Dyne 和 LePine (1998)并没有针对不同的特征维度对建言行为进行细分,而是根据建言行为的基本特征开发出了测量建言行为的六个题项的量表。

②两种形式分类法。基于 Dyne, Ang 和 Botero (2003)对建言行为的内涵界定(包含表达建设性意见或陈述对当前组织工作的相关忧虑),Liang, Farh 和 Farh (2012)把建言分为促进型建言和抑制型建言。其中,促进型建言是指个体表达"如何改进现有的工作实践和程序,从而使其组织受益"的看法和意见,如对当前的工作标准、程序提出改进和优化意见,以提高工作效率;而抑制型建言是指个体发表关于"如何避免现有或即将到来的,使组织受到损害的做法、事件或行为"的担忧和顾虑,如指出当前工作流程、标准存在的潜在问题,以避免产生消极结果。在此基础上,Liang 等(2012)开发了用于测量促进型建言和抑制型建言的各五个条目的量表。目前,基于这一分类的两种建言类型的前因变量和情境因素研究受到诸多学者的关注

(Kakkar, Tangirala, Srivastava & Kamdar, 2016; Li, Liao, Tangirala & Firth, 2017; Lin & Johnson, 2015; Liu et al., 2015; Wei, Zhang & Chen, 2015)。

③三种建言形式分类法。基于建言行为的“风险性”和“方向性(促进/规避/中性)”,Morrison(2011)把建言分为三类。一是“改进提升类建言”(suggestion-focused voice),此类建言着眼于如何改进现有的工作方法以提升组织效能,由于不涉及对现状的挑战,因而人际风险较小。二是“问题规避类建言”(problem-focused voice),此类建言行为关注如何通过改变现有的工作中存在的问题,进而规避不利的后果,人际风险较大。三是“观点差异类建言”(opinion-focused voice),即发表与组织或工作相关的不同于他人的看法和观点,强调意见建议的多元性,并不涉及对现状的挑战,因而人际风险较小(Lebel, Wheeler-Smith & Morrison, 2011),目前基于这一分类的研究也受到很多学者的关注。

④四种形式分类法。基于 Hirschman(1970)对建言的界定和 Liang, Farh 和 Farh(2012)对建言的分类,Maynes 和 Podsakoff(2014)按照“促进性程度—抑制性程度”(promotive/prohibitive)和“保存性程度—改变性程度”(preservation/challenge)两个维度把建言行为分为四类。一是支持型建言(维持/促进象限),即支持员工所建议的工作方法、政策和程序,反对员工所批评的工作方法和政策程序等;二是建设型建言(挑战/促进象限),即建议改变现有的工作方法、政策和程序,解决问题并提升组织效能;三是防御型建言(维持/抑制象限),即聚焦于现状维持,反对改变现有的工作方法、程序政策,即使这些程序政策的改变是有价值的;四是破坏型建言(挑战/抑制象限),即严厉批评、贬低当前的组织工作方法、程序和政策。具体如图 9.1 所示。

总的来说,我们认为建言和相关概念的区别在很大程度上源于不同学科间的差异。在劳动关系的研究领域内,学者往往从宏观层面切入问题,聚焦于探讨员工建言行为的政策机制,因而把员工建言行为看作员工参与行为(participation)的一部分,而在研究中不再进行区分;而在组织行为学(orgnization behavior)的研究领域,学者们往往从建言行为发生的微观机制着手,聚焦于探讨员工建言行为发生的心理机制,这种学科背景促使了对员工建言行为的细分,因而相比较于劳动关系研究领域,组织行为学研究领域对建言行为的界定更为清晰明确。

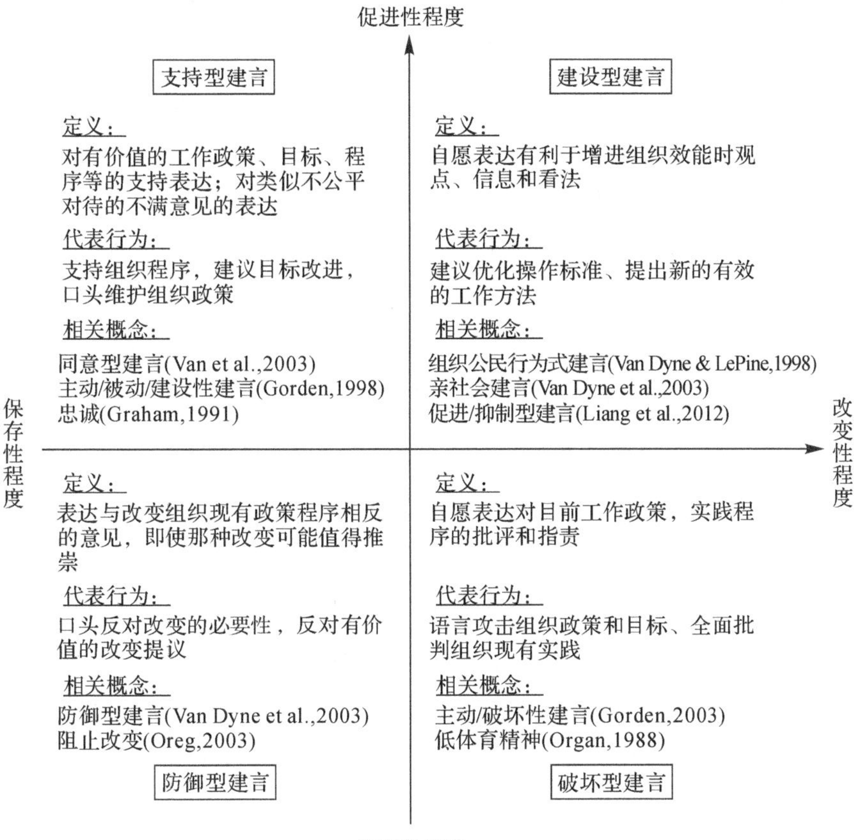

图 9.1　建言的分类模型

资料来源:改编自 Maynes & Podsakoff 发表在 *Journal of Applied Psychology* 期刊上的文章"Speaking more broadly: An examination of the nature, antecedents, and consequences of an expanded set of employee voice behaviors"(2014 年第 99 卷第 1 期)。

二、安全建言相关的研究和实践意义

鉴于建言对于安全攸关组织的重要性,建言的前因变量及其产生机制受到了诸多学者的广泛研究，究其原因在于以下两个方面。第一，安全建言是安全攸关组织中非主导逻辑支撑下的产物，从安全建言提供方而言，该行为更难发生。首先，从广义上来说，基于新制度主义理论，安全攸关组织背景下的技术环境和制度环境的冲突比较突出。从技术环境来说，其主要目标是获取经济利益，以最低的成本获得最大的效应；同时，从制度环境来说，其基本目标是避免诸如人员伤亡等安全事故的发生。但在很多情况下，其往往存在着较大的冲突，从而导致安全攸关组织的运行状态和制度构建存在着较大程度的分离，即往往为了追求生产绩效而忽视或弱化安全管理力度。并且如上文所述，建制复杂性理论认为安全组织往往面临着安全的逻辑和生产的逻辑，并且上述两条逻辑往往是不相容的。其次，从组织层面而言，安全攸关组织具有较为明显的双重目标，即绩效目标和安全目标。在组织资源有限的情况下会依据目标的重要性形成目标等级结构（Austin & Vancouver, 1996; Humphrey et al., 2004; Markman & Brendl, 2000），在生产任务高度繁重的行业背景下，这激发了组织弱化安全目标而追求经济目标的动机。第二，从建言行为的需求方而言，安全管理情境下组织对建言的需要往往更为迫切。正如 Probst 等（2008）所言，安全攸关组织发生安全事故的重要原因是个体隐瞒了对组织安全工作问题的相关看法。与此研究结论一致的是，研究表明安全建言对于组织发现并消除组织工作中存在的安全隐患、导入相关措施以防范未来可能发生的安全事故、提升组织安全可靠性具有重要意义（Tucker et al., 2008）。基于安全建言的需求方和提供方存在的矛盾，在生产目标和安全目标存在冲突的组织背景下，个体建言行为更难发生，以安全攸关组织为背景探讨如何提升员工安全建言水平就显得至关重要，因而受到了诸多学者的关注和广泛探讨。

纵观以往的安全领域的建言研究，主要可以分为两个阶段。第一阶段，沿用劳动关系领域的研究范式，很多研究者认为安全建言是安全参与的一部分，因而在研究时更多关注的是安全参与行为而不再深入细分（Barling et al., 2002; Neal & Griffin, 2006）。然而随着建言在安全管理情境的研究的不断深入，安全参与和安全建言之间的区分也变得较为重要。原因在于：一方面，传统把安全参与等同于安全角色外行为的做法受到了很多研究者的质疑。如 Tucker 等(2008)认为在很多安全攸关组织中,安全参与中的"参与安全工作推进""参与安全会议"等内容逐渐成为组织对员工安全绩效的基本要求;另一方面,安全参与虽然包括角色外行为的部分,如积极主动地参与工作场所的安全维护,但往往并不一定意味着人际风险,这与安全建言存在着较大差异。因而,安全领域内建言研究的第二阶段,主要表现在运用组织行为学领域的研究范式探讨建言行为发生的心理机制,对安全建言和安全参与进行了明确的界定,并对安全角色外行为进行了细分,并不断涌现出探讨安全建言行为的前因变量的理论研究(Conchie et al., 2012; Tucker & Turner, 2015)。

总的来说,目前学者们对于建言的研究呈现出不断深入的趋势,集中表现在从探讨个体特质到探讨情境因素与建言的关系及其影响机制、建言行为的细分、领导角色的凸显以及特定领域内的安全建言的特殊性关注等方面。然而,不容忽视的是,在具体的特定领域的建言行为研究时间还比较短,理论研究难免还存在着不足,如安全管理领域的建言行为研究相对比较缺乏,因而本书将从安全建言着手,探讨领导风格与安全建言的关系及其作用机制。

经过系统梳理,我们认为当前安全建言研究存在三个主要问题:第一,不同的学者对于安全建言的定义还存在差异,导致安全建言研究进展缓慢。纵观以往的安全建言理论研究,我们发现目前安全建言的界定可以分为两类。

在安全建言研究的初期,很多学者对于安全建言和安全参与并不进行区分。此类研究认为安全建言是安全参与的一种形式,因而在结果变量的测量上,主要运用安全参与来表征安全建言(Mowbray et al., 2015)。然而,有学者研究认为安全参与安全建言行为存在着较大的差别,如安全参与(如推进工作制度的落实、参与工作会议)往往并不属于角色外行为的范畴,因而不能将二者等同(Cree & Kelloway, 1997; Hofmann & Morgeson, 1999)。基于上述分歧,后来的研究主要用安全公民行为表征安全建言行为(Conchie et al., 2012; Hofmann et al., 2003)。但是,我们认为学者所谓的"安全公民行为"的范围仍然较广,不仅包括建言行为,而且还包含安全相关的帮助、安全管理参与、安全问题举报等，这与建言行为的特征存有较大的差异。很多研究者逐渐认识到这个问题，例如 Tucker 等(2008)指出安全建言就是向具体的对象(例如，直接上级或同事)提出意在规避工作环境存在的不足或提升工作环境条件的行为(Tucker & Turner, 2011)。这一定义明确指出安全建言是一般建言行为在安全情境下的拓展，而非传统的安全参与(贯彻安全政策和执行安全政策)，在一定程度上来说是对传统的安全参与和安全公民行为的突破，不过这些探讨目前还处于起步阶段。

第二，作为安全建言的前提和关键，对安全问题识别的探讨不够，造成了对安全建言背后逻辑理解的不足。Phimister 等(2003)通过对化工行业安全管理的系统研究，发现安全管理的起点在于识别安全隐患和安全问题，后来 Dillon 等(2016)认为安全问题的识别和发现是安全建言的重要因素，也是安全建言的基础和关键。并且，其通过实证研究发现任务的重要程度、团队安全氛围与员工的问题识别水平呈正相关(Dillon et al., 2016)。虽然近几年安全问题识别逐渐引起了研究者的注意，但目前理论研究对于安全问题识别的前因变量的探讨还仅局限于个体自身的因素(如安全动机、风险感知水平等)以及任务特征等(Dillon et al., 2016)，而对于作为员工行为的重要影响因素的领导的作用还缺乏必要的重视；同时，仅就目前的个体因素的探讨而言，研究主要从个体的风险感知水平的角度来解释安全问题的识别，即认为影响个体的安全问题的识别程度的高低取决于个体风险感知水平的高低，而对安全问题识别的中介机制及相关情境因素，如领导风格、安全氛围等因素还缺乏应有的探讨。

第三，仅关注安全建言行为本身，缺乏整合性的研究。以往的研究认为安全事故发生的重要原因在于员工不愿意将他们的建议或顾虑传达给管理者当局，因而研究主要聚焦点在于如何将个体的潜在建言(latent voice)转化为现实的建言行为(voice behavior)，并基于这一逻辑挖掘安全建言行为的前因变量(Probst et al., 2008; Probst & Estrada, 2010; Tucker et al., 2008; Tucker & Turner, 2015)。如上所述，Dillon 等学者认为组织内发生安全事故的原因往往并非员工不向管理部门表达问题，而是很多员工根本没能识别出潜在的安全问题(J. Baron & Hershey, 1988; Dillon, Tinsley et al., 2016)。我们认为产生这种研究分歧的原因是建言行为从一般领域迁移到安全管理情境中的基本假设出现了问题。以往对于建言问题的研究隐含假定是个体同时具有对工作相关方法、程序的想法或担忧,而关注如何将这种想法和担忧转化为个体表达行为。而在安全情境下,由于员工差异的存在,不同的员工对于既定的安全隐患的感知和看法存在较大的分歧,进而导致不同个体之间的问题识别水平呈现出差异。

同时,值得注意的是安全建言和安全问题识别的前因机制并不相同。如学者发现相对于风险感知低的个体,风险感知高的个体对于安全问题识别水平更高(Dillon, Tinsley et al., 2016; Dillon, Tinsley & Rogers, 2014);然而建言行为的研究表明,风险感知更高的个体建言水平更低(Detert & Burris, 2007; McComas, Trumbo & Besley, 2007; Nembhard & Edmondson, 2006);同时,有研究表明,权力感知较低的个体,其抑制焦点的激发导致个体更高水平的安全问题识别,然而由于抑制焦点的激发,个体的安全建言水平反而更低(Lu, Wu & Zhou, working paper)。

因而,基于安全情境下建言行为的特殊性,我们认为很有必要基于整合的视角来看待员工的安全建言,具体来说把安全问题识别作为安全建言的关键和前提,然后分别探讨前因变量对安全问题识别和安全建言的作用机制。采用现象嵌入式的过程视角看待安全建言的意义在于:首先,从理论研究的层面来说,弥补了安全建言行为研究的不足(如上文所提及的 Probst 等学者的研究逻辑),同时也是对以往学者观点的一个回应和拓展(如 Dillon 等学者的观点),这有助于我们探究领导风格影响安全建言的逻辑链条和背后的逻辑机制。其次,安全建言的整合视角有利于研究者更为精准地捕捉安全建言研究的全貌,从而提出并发展更具解释力的理论框架。最后,从管理实践层面而言,建言的过程视角研究能让安全管理者认识到,安全绩效的维持和提升需要对安全问题识别和安全建言同时给予足够的重视,从而为提出并实施更富有成效的安全管理措施提供参照和借鉴。

总结而言,基于组织行为学视角探讨领导风格与员工建言关系的理论研究取得了较大的进展(Burris et al., 2008; Detert & Burris, 2007; Fast, Burris & Bartel, 2014; Morrison, 2011),而安全管理领域内的领导风格与员工安全建言关系的研究还不深入。虽然已有研究探讨了二者之间的关系，但多用安全参与或安全公民行为表征安全建言（Conchie et al., 2012; Tucker et al., 2008），导致了研究结论的解释力较弱（Mowbray et al., 2015），所以很有必要进一步明确领导风格与安全建言之间的关系。因此研究者可以采用情境模拟的研究方法，回答在涉危行业中的组织内领导风格对员工的问题识别及安全建言有何影响以及为何产生该种影响的问题。

三、交易型/变革型领导风格通过团队过程影响员工安全建言

领导者是“组织氛围的缔造者”和“守门员”，领导对员工行为的塑造作用一直是组织行为学领域关注的焦点之一。原因在于：一方面，从员工角度来说，当员工从事学习或进行行动时，往往首先会把自己的忧虑和建议告诉拥有资源以有力量改变现状的上级领导；另一方面，从领导的角度而言，其风格模式为员工的行为学习和模仿树立了榜样，因而领导与建言之间的关系机制得到了较为深入的探讨，特别是领导风格中比较重要的两种类型——变革型和交易型领导风格的作用受到了较多的关注。因此，领导风格与安全建言之间的关系值得进行深入的理论探讨和实证研究。

有学者发现变革型领导风格提升了员工的心理安全感，进而激发员工进行更多的建言行为（Detert & Burris, 2007）；基于同一逻辑，有研究者发现变革型领导构建了领导与员工之间的信任，进而提升了员工的建言行为（Conchie & Donald, 2009）；变革型领导激发员工的组织认同，员工进而表现出更多的建言行为（Liu, Zhu & Yang, 2010）；还有学者基于社会交换的逻辑，研究发现变革型领导通过构建良好的领导—成员交换关系进而激发员工从事更多的安全建言行为（Clarke, 2013）；等等。类似的研究比较丰富（Mullen, Kelloway & Teed, 2017; Wang, Oh, Courtright & Colbert, 2011）。

基于情境模拟存在的局限，诸如难以涵盖长期互动过程中形成的因素，研究可采用现场研究的方法，探讨两种领导风格如何直接通过员工的个体过程影响员工安全建言，以及上述影响的情境因素。此外，亦可以基于多方法的研究进行多方法交叉验证，具体来说，就是两种领导风格通过直接影响

个体的动机进而作用于员工的安全问题识别、安全建言行为；同时，提出并验证情境因素对两种领导风格通过直接影响员工调节焦点而作用于员工安全问题识别及安全建言行为的作用。

如上文所述，领导作为组织或团队的代理人，控制着员工所需要的信息以及职业发展所需要的支持，并通过与员工之间的经济、情感等交换过程，塑造并规范员工的行为；同时，通过模范的示范作用，身体力行地把组织的价值观、政策方针转化为管理实践，让员工理解哪些行为是组织所接受的、哪些行为组织内所不适合的，进而影响员工行为。而在这一互动过程中，领导者所表现出的“影响并促进个体或群体努力实现共享目标的能力”，即领导力(leadership)，对下属的认知、情绪、动机和行为的影响发挥着至关重要的作用。1994年美国管理学会(American Management Association)一项调研数据显示，在管理沟通、共享价值观、团队建设以及教育和培训等影响组织变革的因素中，领导力最为重要。同时，Nohria，Joyce 和 Roberson (2003)的研究表明，CEO的领导力对于组织绩效影响份额高达15%。由于领导力的重要作用，越来越多的研究对如何提升领导力的有效性进行了深入的探讨(Hogan，Curphy & Hogan，1994；B. Van Knippenberg & Van Knippenberg，2005)。

随着领导力理论研究的深入，不同的领导力概念相继被理论者所提出。

第一，领导行为理论。其基本假设是领导力的有效性取决于领导和员工的互动过程中所表现出的领导风格。该理论致力于回答在组织管理中“何种领导风格更为有效”这一问题[我们不再提及领导特质理论(Bass & Bass，2008)，原因在于我们认为领导特质理论假定“领导的有效性取决于领导者的个人特质”，该理论回答的是“成功有效的领导者应该具有哪些基本素质”。在一定意义上来说，其并非关注领导力的有效性，而是聚焦于“如何成为”一名有效的领导]。这一理论视角下的理论模型主要有以下几种：一是勒温的三种领导风格论(Lippitt，1938)，该理论把领导风格分为三种，即民主型领导力、独裁型领导力以及放任型领导力。二是俄亥俄州立大学研究团队提出的关怀维度和定规维度(Stogdill & Coons，1957)。三是密歇根大学的双中心论，即以员工为中心和以任务为中心(Kahn & Katz，1953)。

四是管理方格理论(Blake & Mouton, 1985),该理论按照关心任务和关心人两个维度,将每个维度从低到高分为9级,共形成81个方格。该理论区分出了贫乏型领导(1.1型)、任务型领导(9.1型)、乡村俱乐部型领导(1.9型)、中庸之道式领导(5.5型)和团队型领导(9.9型)。然而遗憾的是,研究者发现没有任何一种领导风格总能带来较高的绩效。

第二,领导权变理论。基于领导行为理论的结论不一致性,有研究者发现领导的有效性更大程度上取决于领导行为与具体情境的匹配,这一派研究理论者的理论视角被称为领导权变理论。其主要回答"在具体既定的情形下,何种领导理论更为有效"的问题。费德勒权变模型(Fiedler, 1977)提出了两种基本的领导风格,即任务导向型和关系导向型领导。同时,基于有利有害程度把环境因素分为任务结构、职位权力和上下级关系三种,进而形成了八种匹配模式。其研究发现在任务极端不利和极为有利的情况下,任务导向型的领导力更为有效;而在环境利害程度适中的情况下,关系导向型的领导力更为有效。豪斯的路径模型(House, 1971)认为,员工完成工作的过程就像一段旅程,领导的工作就是帮助员工时刻沿着正确的方向前行,即实现员工目标和组织或团队目标的一致。

第三,现代领导力发展的新模式。伴随着领导力研究的不断深入,研究者提出了许多新的领导力概念模型,如伦理型领导力(Brown, Treviño & Harrison, 2005)、共享式领导力(Pearce, 2004)、服务型领导力(Sendjaya & Sarros, 2002)、授权型领导力(Arnold, Arad, Rhoades & Drasgow, 2000)等。其中,变革型领导力和交易型领导力(Bass & Avolio, 1997)获得了较多的关注。

管理实践和理论研究表明,建言对于组织的生存和持续发展具有重要意义,而作为组织的代理人,一线领导是员工进行建言的直接对象,因而领导者的行为风格与员工建言之间的关系受到较多的关注(Avey, Wernsing & Palanski, 2012; Chen & Hou, 2016; Van Knippenberg et al., 2004)。其中,作为领导风格中的两种主要类型,变革型领导和交易型领导与员工建言之间关系的研究颇多(Conchie et al., 2012; Detert & Burris, 2007; W. Liu et al., 2010)。纵观以往研究,变革型/交易型领导与员工建言之间关系的理论解释框架可以大致分为以下几种类型,具体如图 9.2 所示。

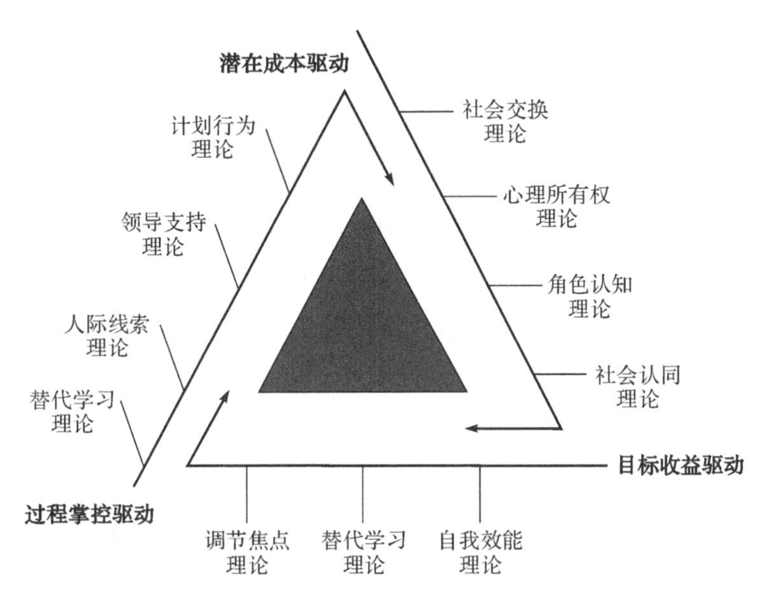

图 9.2 变革型/交易型领导影响建言行为的理论框架模型

资源保存理论(Halbesleben, 2006; Hobfoll, 2011)指出个人会努力改变环境以获得更多的额外资源或避免现有资源的流失。以往的理论研究表明,拥有丰富的资源的个体聚焦于潜在收益,着重思考如何改变或创造环境,以有助于其获得更多的资源;相反,缺乏资源的个体,关注潜在损失,更多聚焦于如何保护现有的有限资源不被继续消耗和流失。该理论的基本推断认为个体对潜在的资源收益和资源损失具有不对称的感知,相比较于资源获取,个体对损失更为敏感;但是不同的个体对于资源的关注存在差异,即拥有较多资源的个体更有能力协调资源收益而不易受到资源损失的影响,更加注重潜在的资源获取;相反,资源较少的个体更容易受到资源损失和资源收益减少的影响而更加关注潜在资源的失去(Hobfoll, 2011)。这一理论被诸多学者用于解释压力环境下个体行为模式的差异(Brotheridge & Lee, 2002; Grandey & Cropanzano, 1999; Halbesleben, 2006; Hobfoll, 1989),受到了安全管理领域诸多学者的普遍关注。

(1)潜在成本驱动。建言行为是一种挑战现状的风险行为(W. Liu et al., 2010),原因在于:一方面,建言行为意味着对当前现状的挑战(即认为当前现状存在着缺陷和不足)，往往会被组织或团队的代理人(领导者)视为“挑事者”而招致报复；另一方面，建言行为是对“工作相关的忧虑或建议的表达”，势必会指向具体的工作环节或者工作内容，这就意味着作为工作环节或工作内容对应岗位的员工的工作绩效存在缺陷，也可能会招致其他员工的不满和报复。因而，员工建言的一个重要的影响因素就是“个体对建言行为所可能招致的负面结果的判断”(Morrison, 2011)。基于此，我们认为个体建言的一个重要因素就是对“建言成本”(潜在成本驱动，即强调建言行为给自己带来的消极影响)的考虑。具体而言，如果个体认为建言的潜在成本较低或不存在潜在的建言成本，会表现出更多的建言行为；相反，如果个体认为自己的建言可能会招致同事或领导的报复与打击，即建言的成本较高，便会对工作相关的问题保持缄默。这类似于 Liang 等(2012)认为心理安全是建言行为重要的前因变量，因为心理安全就意味着建言的潜在成本较低或建言没有成本，因而能显著预测个体的建言行为。基于这一观点，我们将“从建言的潜在成本角度来探讨个体建言行为关系”的理论框架都归为潜在成本驱动的视角，即“如果外界条件允许，我会发表自己的看法和建议”(即“客观能说”)。常见的理论视角有计划行为理论、领导支持理论、人际线索理论和替代学习理论。

第一，计划行为理论认为，人们的行为态度、规范压力的感知，以及行为的控制感是预测个体行为的重要因素。这就意味着，当个体感知到建言行为为团队或组织的主观规范所允许和提倡时，个体就会表现出更多的建言行为。而领导风格影响员工建言行为的原因在于，领导可以向团队成员释放“信号”以塑造下属的行为(Detert & Treviño, 2010; Morrison et al., 2011)。如 Detert 和 Burris (2007)在对 3149 名员工和 223 名经理的配对研究中发现，变革型领导风格与员工的建言行为正相关，原因在于变革型领导风格给员工带来了更高的心理安全感，让员工感知到其建言行为是主观规范所接受和允许的，消除了员工的心理顾虑，从而激发员工表现出更多的建言行为。

第二，领导支持理论认为，领导支持会减少员工的工作压力，提升员工的工作绩效，原因在于领导支持会让员工感知到其目标行为是领导期望和提倡的，让员工产生了较高的动力，如提高工作标准和工作表现，以及帮助其他员工努力达成绩效(Rhoades & Eisenberger, 2002)。例如，有研究发现员工对直接领导支持程度的感知与员工的角色外绩效(建言也是一种角色外绩效)显著正相关(Shanock & Eisenberger, 2006)；Li, Ling 和 Fang (2010)对 482 名来自珠江三角洲地区企业的全职员工进行研究，结果显示领导支持感知会让员工对其领导产生较高的信任度，消除员工的"建言行为招致领导报复"的顾虑，激发员工更多的建言行为。并且，从定义内涵来看，变革型领导着眼于长远利益，倡导不断地改变以提升当前绩效，这就释放出一种"改变当前现状的行为是安全的"的信号。员工感知到这一信号之后，就消除了"建言行为会招致领导报复和打击"(潜在成本)的疑虑，进而更为自由地发表对工作相关的看法见解。有研究发现领导可以对团队成员释放"信号"，营造出"建言是团队所鼓励和提倡的"的文化氛围，影响员工的建言水平(Morrison et al., 2011)。

第三，人际线索理论认为，对外界环境线索解读是个体行为偏好的重要预测变量(Kiesler, Siegel & McGuire, 1984)，这一观点后来得到了很多实证研究的支持。例如有研究发现目标角色的情绪会影响个体的行为选择(Van Kleef, De Dreu & Manstead, 2010)。作为变革型领导，其向员工传递出"不断革新而提升绩效"的信号，这种"信号"被员工视为一种积极的人际线索，即着眼于长远利益的提升而向组织管理部门提出个人观点和看法不会遭到领导的打击和报复，此时员工不用担心因个人建言行为而给自己带来消极的人际后果，从而会表现出更多的建言行为。同时，Liu 等(2015)研究发现，员工会根据其对领导情绪的解读而调整自我的建言行为。具体来说，当员工观察到领导的情绪比较积极时，员工便会进行更多建言行为；相反，当员工观察到领导的情绪比较消极时，员工便会表现出更少的建言行为。原因在于领导的积极情绪让员工产生了较高的心理安全感，员工相信领导不会因为员工的建言行为而生气甚至报复员工。

第四，替代学习理论认为，个体行为的改变不仅可以通过直接经验习得，还可以通过环境或对他人的观察习得。如上文所述，领导可以通过角色塑造激励员工向榜样学习，进而激励员工去积极模仿目标榜样的行为(如建言行为)。我们认为,这种模仿在一定程度上是因为目标榜样向管理部门建言却没有受到"建言潜在成本"的影响,其他员工消除了对"建言行为会给自己带来不利的成本损失"的疑虑,进而表现出更多的建言行为。有研究发现,伦理型领导能够通过榜样塑造而激励员工参与更多的建言行为(Walumbwa, Morrison & Christensen, 2012),而很多研究表明伦理型领导和变革型领导具有较大的重叠,因而有理由相信变革型领导致力于当前绩效的提升,也可以通过榜样塑造激励其他员工进行更多的建言行为,这一观点也得到了一些实证研究的支持(Yukl, 1999)。

(2)目标收益驱动。建言行为是一种具有建设性结果的行为(Morrison, 2011),即进行建言行为是有利于组织的,如提升组织效能或规避组织风险等。我们认为建言作为一种行为,从结果上看是利于组织的,即对组织具有"建设性"的作用(然而,我们认为个体进行建言的目的往往比较复杂,此处我们不对建言的主观目的或客观目的进行区分,而仅从结果收益的层面来看,统一把建言看成"利于提升组织效能或规避组织潜在问题的行为"),即员工进行建言客观上利于提升组织绩效或规避组织潜在不利问题。因而,不同于"潜在成本驱动"(个体关注的更多的是其建言行为可能为自己带来的不利结果),"目标收益驱动"认为员工建言的重要前因是意图使组织获得"目标收益"(基于目标设定,收益即是指实现"提升组织效能或规避组织潜在的不利结果"的目标绩效),即"无论建言行为是否会给自己带来潜在的不利结果,我仍然要进行建言"(即"主观愿说")。其涉及的理论视角主要有社会交换理论、心理所有权理论、角色认知理论和社会认同理论。

第一,社会交换理论认为,个体给他人提供帮助或恩惠是希望他人也提供一定的报酬来报答。因而,当领导给予员工以帮助和关心时,员工便会付出更大的努力回报领导。变革型领导关心员工福利,为员工提供个性化关怀,员工便会表现出领导所期待的行为作为报答,如角色外行为、主动行为、首创行为等。研究表明,变革型领导风格正向影响员工的组织公民行为,原因在于变革型领导可以构建与员工之间良好的交换关系。员工为了维持这种良好的交换关系,需要提供额外的努力,即表现出更多的组织公民行为(Wang et al., 2005)。Ilies, Nahrgang 和 Morgeson (2007)通过元分析发现,变革型领导通过与员工建立良好的交换关系(LMX)促使员工表现出更多的建言行为。基于这一研究视角,探讨变革型领导风格和员工建言行为之间关系的理论研究较为丰富(Hofmann et al.,2003;吴隆增等,2011;陈文晶,时勘,2007)。

第二,心理所有权理论认为,当个体感知到自己对客观对象的控制和占有时,便对既定对象具有了高度的责任感和义务感(Pierce, Kostova & Dirks, 2001)。变革型领导为员工提供决策参与机会和多元化的支持手段,能够容忍员工失败并为员工提供了较多的工作自主权。上述支持和工作自主权会让员工对工作产生较多的控制感和心理所有权,进而在工作方面表现出更多的主人翁精神,即把组织赋予的工作任务视为自己的工作,因而此时员工具有较高的责任感和使命感去提升工作绩效和规避工作中存在的问题,继而表现出更多的建言行为。周浩和龙立荣(2012)通过对373对领导—员工进行配对研究,发现变革型领导风格会让员工对工作产生更多的心理所有权,进而表现出更高水平的建言行为。

第三,角色认知理论认为,变革型领导者通过把组织中的当前行为与过去的事件联系起来,清楚地表达一种意识形态,从而促使员工形成自我概念。如Shamir等(1993)指出,魅力型领导可以通过以下五个过程实现追随者的自我概念的形成,即凸显努力的内在价值、增加努力—成就期望、强化目标达成的内在动机、灌输对美好未来的信念以及激发个人承诺。后来的研究表明,变革型领导风格可以为员工提供多元化的职业生涯指导,从而强化员工自我概念的形成(Sosik, Godshalk & Yammarino, 2004; Van Knippenberg & Van Knippenberg, 2005)。Duan等(2017)立足于自我概念的视角,研究发现变革型领导把公司以往经验和美好愿景与员工的个人价值进行结合,激发了员工的自我概念,使员工的个人身份认同感得到了增强,从而表现出更多的建言行为。

第四,社会认同理论认为,当个体认为自我形象属于既定团体的一部分时,便具有了较强的动机去积极维护既定团队的利益。变革型领导关注员工的个人发展和理想的实现,通过团队绩效的提升来实现和发展自我价值,从而实现了追随者身份和工作绩效之间的一致性,进而激发员工的工作热情。Walumbwa，Avolio 和 Zhu(2008)研究发现，变革型领导通过激发员工的认同实现了员工绩效的提升，因而有理由相信变革型领导通过激发员工的团队或组织认同而实现员工建言水平的提升，这一研究结果与很多理论研究具有较高的一致性(W. Liu et al.，2010；Shamir et al.，2000)。

(3)过程掌控驱动。成功的建言不仅需要员工具有表达工作问题的观点和看法的动机，还需要让员工相信其建言对组织具有价值，会被组织和领导所重视(Kish-Gephart et al.，2009)。不难想象，如果员工认为他们的观点和看法可能没有什么价值、不能为管理者所考虑和重视，也就意味着其建言行为是没有实际意义的，那么其后续建言的积极性也就受到了打击；相反，如果员工发现其管理部门对员工的意见和看法比较重视，其表达看法或忧虑的意愿也就会相应地得到加强。我们认为，不同于上述的“潜在成本驱动”和“目标收益驱动”，这一类型的前因变量更加关注员工对于“建言行为的价值性”，即“如果我的建言会对组织有用，我就会建言”(即“说了有用”)。这一视角下的理论研究，涉及的理论解释框架有自我效能理论、替代学习理论、调节焦点理论。

第一，自我效能理论认为，自我效能感是对自己能力的一种确切信念，这种能力能够调动个体动机、认知资源，从而成功地完成任务，实现既定目标。基于社会学习理论，变革型领导可以通过以身作则的示范作用、口头的说服、积极掌控和心理唤醒激发下属的自我效能感。Gong 等(2009)认为，变革型领导倡导员工积极思考以产生新的想法，希望员工不呆板地遵循既定的惯例，鼓励创新思维。他们注重发展员工经验、鼓励员工自信、提倡员工自主，从而不断提高他们的自我效能感，进而提升创新绩效。并且，当自我效能感较高时，变革型领导对员工的积极主动行为的影响作用也较强(Den Hartog & Belschak，2012)。

第二，替代学习理论，不同于潜在成本驱动视角下的替代学习理论(主要指员工通过对领导和其他同事的观察，获得了“建言行为不会遭到领导或同事的报复和打击”的认知，因而模仿和习得建言行为，其主要关注点在于“建言行为的风险性”)，此处的替代学习视角主要指个体通过对榜样(领导或同事)的观察，受到鼓舞和激励，从而获得了“我相信，我的建言行为对组织也是有用的”的认知，因而模仿和习得建言行为，其主要关注点在于“榜样角色的建言行为的鼓舞”。变革型领导通过以身作则的示范作用和在同事中塑造“建言榜样”的作用，鼓舞和激励其他员工向榜样学习，从而表现出更多的建言行为。有研究发现变革型领导通过形象塑造让员工受到激励，从而激发了员工的学习导向(Coad & Berry，1998)。

第三，调节焦点理论反映了个人如何调整他们的行为以追求预期的结果。以往的研究表明，调节焦点既是一种长期的倾向，也是一种可由情境引起的具体状态(Liberman et al.，1999)。变革型领导鼓励员工着眼于长远利益，聚焦于如何通过改善现状而提升当前绩效，强调员工自我理想的实现，因而与员工的情境型促进焦点正相关；相反，交易型领导迫使员工关注当前利益，聚焦于如何避免潜在问题的发生而维持当前绩效，强调员工现实责任和义务的达成，因而与员工的情境型抑制焦点正相关。

总结而言，尽管以往学者对变革型/交易型领导风格与建言关系的探讨比较深入，但是仍然存在一些亟待解决的问题，可以概括为以下几点。首先，两种领导风格和安全建言之间关系的理论研究还相当缺乏。虽然学界对领导风格与安全建言相关概念关系的探讨取得了较为丰富的研究成果，然而，如上文所述，由于安全建言与相关概念(安全参与、安全公民行为)之间的差异，以往的领导风格与安全参与、安全公民行为的研究结论难以直接迁移到领导风格与安全建言的理论逻辑中。虽然这一问题逐渐受到学者们的关注(Conchie et al.，2012；Tucker et al.，2008)，而且也不断涌现出组织情境因素和安全建言之间关系的理论研究，如有学者通过实证研究发现组织支持积极影响员工的安全建言行为(Tucker et al.，2008)，而且领导的开放性也与员工的安全建言行为积极正相关(Tucker & Turner，2015)。然而，作为员工安全建言行为的重要前因变量，对两种领导风格和安全建言之间关系较为直接的理论研究还相当缺乏。

其次，基于现象嵌入的过程视角探讨两种领导风格和安全建言行为关系的研究还相当缺乏。传统的理论研究结果表明，变革型领导与员工安全参与行为(包括建言行为)正相关，而交易型领导与员工安全参与行为负相关(Conchie，2013)。然而，从现象嵌入式的过程视角探讨变革型领导和交易型领导风格对于个体的问题识别的作用、影响机制以及边界条件，我们还需要给予较多的关注。我们认为目前的研究缺乏过程视角，仅仅从其中一个方面来看待员工的建言，难以有效捕捉建言的全貌，原因有以下两点。

一是问题识别和安全建言的前因变量存在着较大的差别。首先，从内涵特征来看，安全问题识别是个体对工作场所安全现象的主观判断，涉及对工作任务本身的认知；而安全建言是对工作场所人际环境的评估，涉及工作主体对工作关系的感知。Dillon 等(2016)发现个体的风险感知水平能够显著预测问题识别水平，具体来说，个体的风险感知水平较高时，其问题识别水平就高；相反，风险感知水平较低时，个体的问题识别水平大大降低。然而，同时有研究发现当个体的风险感知较低时，往往会更有动机去表达自我看法；而个体的风险感知较高时，由于担心表达行为给他人带来不利影响，个体的表达问题的动机大大削弱(Sitkin & Weingart, 1995)。这说明问题识别和安全建言二者的前因变量和影响机制可能存在着较大的差异，因而有必要将二者结合起来，在安全管理背景下运用过程的视角来探讨安全建言产生机制。

二是变革型/交易型领导对于问题识别及安全建言可能存在着复杂的效应。以往的研究表明，变革型领导通过赋予员工以工作自主权，从而激发了员工的安全参与动机，促使员工积极地表达自我对工作安全相关的建议和担忧；而变革型领导同时赋予员工以更多的决策参与机会、多元化的支持，从而激发了员工的权力感，导致员工对安全问题产生较高的风险容忍度，进而在一定程度上弱化员工的问题识别水平(Lu, Wu & Zhou, working paper)。因而，基于现象嵌入式的过程视角来探讨安全建言，有助于我们更加全面地看待建言产生的背后逻辑链条，对完善原有的理论研究和提升安全管理的效率具有重要意义。

最后，两种领导风格和安全建言相关研究的解释逻辑相对单一。基于变革型/交易型领导与安全建言关系的理论研究的系统梳理，我们发现以往组织行为学领域内的研究从不同的理论视角来看待领导风格和安全建言问题，如基于潜在成本驱动、目标收益驱动和过程掌控驱动的视角等。然而特别应该注意的是，与一般的组织行为领域相比，安全管理领域具有其特殊性，如高度的工作压力、目标冲突加剧（生产目标和安全目标），而耗费个人精力的建言行为往往更难发生，这就在一定程度上削弱了以往的一般领域内的理论解释力。令人遗憾的是，目前的理论研究对具体建言情境下的领导风格的作用探讨较少。目前学者们关于安全建言的理论解释框架还比较单一，如社会交换理论（Conchie et al.，2012）。而从一定意义上来讲，在社会交换理论视角下研究建言行为，更多的是将个体看成环境或者领导行为的附属物，强调了个体的被动性，带有“向内看”的特征，即通过研究环境因素对个体行为的影响来探究员工建言。然而，置身于工作环境，个体建言行为不仅仅是环境影响的被动结果，还具有个体主动的目的特征，因而也需要“向外看”，即从个体的视角探讨其通过对外界环境的解读从而主动调整自我行为。如学者指出建言也可以作为个体主动获取资源的一种方式（Ng & Feldman，2012），因而目前关于领导风格和安全建言的理论解释机制还有待进一步的挖掘。

四、问题识别和问题汇报过程及领导风格的影响

变革型/交易型领导与问题识别及安全建言关系的作用机制，虽然以往关于领导风格与安全建言行为的效应及其机制的理论研究颇为丰富（Conchie et al.，2012），但是，作为安全建言行为的一个重要前提，对问题识别前因的探讨还比较少，并且以往的研究发现问题识别及安全建言的前因变量存在着较大的差异（Dillon et al.，2013）。因而，在安全领域中出现人们就势必会面临一个社会困境，即在一些情况下有安全建言动机的个体可能难以识别安全问题；而问题识别水平较高的个体却往往对安全问题闭口不言（Burris et al.，2008）。因而，采用现象嵌入式的过程视角来看待领导风格和安全建言之间的关系具有较为重要的现实意义。

为此在研究中，采用情境实验的方法研究变革型/主动交易型领导风格对于问题识别和安全建言的效应。基于资源保存理论（Hobfoll & Lilly，1993），变革型领导赋予员工以较多的工作资源，激发员工关注安全的持续改进，从而使下属更为积极主动地察觉安全隐患以不断地提升工作场所的安全性；同时，通过激发个体对理想自我和个人成就的追求，变革型领导将

安全价值不断内化为员工的内在驱动力，促使个体更加积极主动地为工作场所安全性提升建言献策；交易型领导赋予员工的资源较少，例外管理、被动的权变奖励等措施的导入让员工感知到较低的工作控制，此时员工更加关注自我责任的履行以避免遭受惩罚。出于保存资源的目的，交易型领导下的个体对工作环境中存在的安全威胁和安全隐患更加敏感，因而能够识别更多的安全问题。但员工基于对安全建言可能给自己带来不利的人际后果的考虑，即使发现了安全问题，由于员工的安全建言动机被大大弱化，也会对安全问题闭口不言。

基于以往的理论研究，我们认为对于问题识别而言，变革型领导与员工的安全问题识别正相关，交易型领导与员工的安全问题识别负相关；对于安全建言而言，变革型领导与员工的安全建言正相关，而交易型领导与员工的安全建言负相关。第一，感知到的变革型领导激发员工对于绩效提升的追求进而积极地影响个体的问题识别水平，感知到的交易型领导激发员工对避免惩罚的追求而积极地影响个体的问题识别。第二，感知到的变革型领导激发员工对于绩效提升的追求而积极影响个体的安全建言，感知到的交易型领导激发员工对避免人际关系消极结果的追求而消极影响个体的安全建言。

基于个体视角的研究，变革型/交易型领导对安全建言的影响机制需要通过问卷调查和现场研究方法，来探讨变革型/交易型领导风格对问题识别及安全建言的影响。因此尽管理论研究表明领导风格的效能机制受到诸多情境因素的影响，而情境模拟难以有效捕捉领导—成员长期互动过程中形成的情境因素变量，于是采用现场问卷研究来分析这个问题是较为合理的。在研究中采用现场问卷的方式探讨影响变革/交易型领导与员工建言过程关系的情境因素和边界条件。作为员工行为塑造的重要预测指标，氛围起着极为重要的作用（Morrison et al.，2011），基于安全绩效具有长期性、难以考核性的特征，工作氛围的重要性在安全管理领域显得更为重要，尤其是安全氛围（Zohar，1980）。具体来说，作为既定的工作单元内的员工对于安全政策和安全程序的共享价值观（Neal & Griffin，2006），安全氛围在为工作单元内的员工行为指明了努力的方向和目标（Nahrgang，Morgeson &

Hofmann，2011；Zohar，2000)的同时，也对员工的安全绩效提出了更高的工作要求。

(一)安全氛围对建言过程的作用

研究表明，安全氛围可以分为两个层面，其传达了组织或团队对于安全的高层次要求，如推广新的安全系统、制定与工作有关的建议，持续不断地提升安全绩效(Griffin & Neal，2000)。基于资源保存理论，积极的安全氛围为员工的安全行为提供了一种外部支持(Halbesleben et al.，2014)。由于变革型领导下的员工具有较高的资源，当安全氛围较为积极时，员工更加关注组织或团队对安全管理的高层次需要，即着眼于安全绩效的持续改进，因而具有更高的主动性去发现安全隐患以不断地实现安全绩效的提升；相反，当安全氛围较为消极时，对于变革型领导的员工而言，其获得的外部支持较少，其关注安全持续改善的动机降低，发现安全隐患的动机也被弱化，进而导致其问题识别水平的下降。而对于交易型领导而言，其赋予员工的工作资源较少，安全氛围更多地被解读为安全政策的遵守和安全问题识别的履行(更加关注安全氛围的低层次追求)。出于规避由未能识别安全问题而被惩罚的目的，交易型领导下的员工个体对安全隐患更加敏感，因而安全问题能被更好地识别出来。有研究表明，当安全氛围水平较高时，员工的预防焦点被触发(Wallace & Chen，2006)，因而能够发现较多的安全问题；当安全氛围水平较低时，安全问题不被组织或团队所关心，员工未能识别安全问题而受到严厉惩罚的可能性较小，因而交易型领导的员工通过发现安全问题而极力保存现有资源的动机大大削弱，安全问题识别水平下降。

与此同时，安全建言可能会给员工的人际关系带来消极影响，因而员工安全建言在很大程度上受其对环境的估计和判断的影响(Nembhard & Edmondson，2006)。所以，安全氛围对员工的安全建言有着重要意义。基于资源保存理论，相较于低资源个体，高资源的个体对潜在的资源丧失缺乏敏感性。由于被赋予较多的资源，当安全氛围处于较高水平时，变革型领导下的个体感知到团队成员对安全绩效改进行为的高度包容，更具动机关注安全绩效的持续提升，从而表现出更高水平的安全建言；交易型领导下的个体被赋予的资源较少，但当安全氛围较高时，员工对“自己的安全建言可能给他人带来较为严重的惩罚”的感知更为强烈，因而在一定程度上增强了员工关于安全建言带来消极人际后果的顾虑，因而在一定程度上加强了交易型领导对员工安全建言的负向影响。

总结而言，研究个体水平的领导力对安全建言的作用发现：第一，在安全氛围较好的情况下，变革型领导通过激发员工对于绩效提升的追求而对个体的问题识别具有更强的积极作用；同时，在安全氛围较高的情况下，交易型领导通过激发员工对避免惩罚的追求而对个体的问题识别具有更强的积极作用。第二，在安全氛围较好的情况下，变革型领导通过激发员工对于绩效提升的追求而对个体的安全建言产生更强的影响；同时，在安全氛围较高的情况下，交易型领导通过激发员工对避免人际关系消极结果的追求而对员工安全建言产生更强的影响。

（二）资源保存视角下领导力对安全建言的作用

在团队视角上，变革型/交易型领导对安全建言的影响机制可能与个体层面的机制不同。虽然个体水平的研究探讨了变革型/交易型领导风格对问题识别及安全建言的影响机制及情境因素，但是仍没有回答两种领导风格对员工问题识别和安全建言之间关系的影响机制，也未能展开两种领导风格影响安全建言之间的逻辑链条。为了充分展现两种领导风格对安全建言的影响，研究团队采用现场问卷的方式探讨影响变革/交易型领导对员工安全问题识别和安全建言关系的调节作用。基于资源保存理论，变革型领导提供决策参与机会、多元化的支持手段和人性化的关怀，并且赋予员工以较多的工作自主权，激发员工进行安全建言的动机、提升员工的安全建言水平；而交易型领导为员工提供的资源较少，弱化了员工工作参与的动机，导致员工出于自我保护的目的而从事较少的安全建言行为。以往的理论研究表明，变革型领导能够激发员工的互惠意愿，从而强化员工对工作意见和担忧的表达；而交易型领导风格下的员工感知到的互惠义务较少，从而表现出较低水平的安全建言行为(Clarke, 2013)。

同时，从建言氛围的内涵来看，其包括心理安全感和团队效能感的内容。一方面，团队的共享信念传递着“表达对工作场所安全问题的意见和担忧是危险的或安全的”的信号，表征着群体对安全建言的人际风险的预期

(Detert & Burris, 2007; LePine & Dyne, 1998; Milliken et al., 2003);另一方面,从安全建言效能感这个层面来看,“相信团队成员的安全建言是有价值的”也同样影响着员工的安全建言行为。因而,当建言氛围较为积极时,员工获得了一定的外部的资源支持并产生“建言行为不会给自己带来消极的后果”以及“我们的建言对组织是有价值”的感知,员工的“安全建言导致人际威胁”的顾虑得以消除;相反,当建言氛围处于较低水平时,由于缺乏组织或团队的资源(支持),同时考虑到表达安全问题可能会给自己带来较多的消极后果且安全建言往往难以起到作用,员工关注潜在威胁的动机被加强,进而呈现出较低水平的安全建言。

因而,变革型领导赋予员工以较多的工作资源,增加了员工的自信心和效能感,从而让员工感知到其表达的安全建议和安全担忧对于组织规避安全事故、提升安全绩效的“有用性”,促使员工从事更多的安全建言行为;同时变革型领导强调对工作安全相关方面的提升和改变,意味着员工表达“旨在改变工作场所的安全可靠性的意见和建议”是被提倡的,消除了员工安全建言的心理负担,而建言的“有用性”以及“心理安全”都是建言氛围的核心要义。同时,交易型领导由于赋予员工的资源较少,其强调通过严格的规章制度和严厉的奖惩措施以及严密的控制来实现工作场所的安全绩效的提升,聚焦于通过措施导入让员工被动地遵守安全制度、执行安全政策,极大地削弱了员工的参与动机。由于未形成安全建言“有用性”和“心理安全”感知,员工进行安全建言的动机被弱化了,促使员工表现出更低水平的安全建言行为。

变革型领导和交易型领导与员工资源的获取和保存紧密相连(Halbesleben et al., 2014)。具体来说,变革型领导为员工提供更高的工作自主权、更多的决策参与机会和个性化的关怀,赋予员工以较多的心理和社会资源。基于资源保存理论,此时下属更加聚焦于未来的潜在收益,着重思考如何通过持续不断的改变以提升工作绩效。以往的实证研究也表明了这一点,即变革型领导可以激发下属的安全动机,激发追随者更为积极地参与提升安全绩效的管理活动(M. A. Griffin & Hu, 2013)。同时也有研究表明,变革型领导可以激发员工的内在动机,从而促使员工表现出更多的安全角色外行为(Conchie，2013)。

相反,交易型领导通过严格的奖功罚过或例外管理方式来实现对员工行为的塑造。交易型领导下的员工缺乏相关的工作支持、决策参与机会和工作自主权,因而其更加关注资源的流失,面临不确定的情况,交易型领导下的员工聚焦于对现有制度不折不扣地执行,以避免因为违反安全政策而遭受惩罚,表现出较低的风险容忍度和较高的安全敏感性。以往的理论研究也表明,领导通过奖功罚过,激发了员工对于安全违规和安全失误的高度敏感性(Zohar & Luria，2003)。

因而,我们推测对变革型领导感知较高的员工,由于聚焦于潜在资源的获取,更加关注安全绩效的提升。具体来说,面对安全现象时,其往往会给予更多的考虑,思考从何种角度来提升工作场所的安全绩效,因而能够识别更多的安全问题;同时,对交易型领导感知较高的员工,由于害怕潜在资源的失去,其更加关注潜在的安全威胁。因而当面临安全事件时,其会思考如何规避因无法识别安全威胁导致安全事故而给自己带来的惩罚,因而能够识别较多的安全问题。因此,我们提出以下假设:(1)变革型领导风格对安全问题识别有积极作用;(2)交易型领导风格对安全问题识别有积极作用。

基于资源保存理论,变革型领导通过为员工提供决策参与机会、多元化的支持手段和个性化的关怀,为员工提供较多的工作资源,激发员工安全建言的动机,从而提升员工的安全建言水平;而交易型领导为员工提供的资源较少,弱化了员工参与的动机,导致员工出于自我保护的目的而从事较少的安全建言行为。以往的理论研究表明,当员工感知到较低的工作压力时,即员工具有较多的工作资源时,会从事较多的安全建言行为以继续扩展自我的工作资源;而当员工感知到较高的工作压力时,其工作资源相对较少,因而会从事较低水平的建言行为以保存当前有限的工作资源(Ng & Feldman，2012；Seibert et al.，2001)。

安全建言行为是一种人际风险性的行为(Nembhard & Edmondson，2006),因而不同资源的个体面临这种风险时会选择不同的策略。基于资源保存理论,由于变革型领导赋予员工以较多的工作资源,员工对资源获取更加敏感,较少关注人际风险,从而表现出更多的安全建言行为。相反,交易型领导下的员工具有的资源较少，对潜在的人际风险更加敏感。即使发现安全问题，出于资源保存的目的，员工也会表现出较少的安全建言行为，以往的理论研究也支持这一观点(Clarke, 2013)。因而，我们提出假设：(1)变革型领导风格感知对安全建言有积极作用；(2)交易型领导风格感知对安全建言有消极作用。

研究也对情境型促进焦点的中介作用进行了分析。变革型领导通过智力激发、理想化的影响力以及鼓舞性的激励促使追随者聚焦于持续的改进和长远利益，更加关注理想自我的实现。基于资源保存理论，变革型领导赋予员工以较多的资源，从而激发员工的工作动机并最终导致员工行为的改变。以往的理论研究表明，不同的工作环境能够激发员工的不同动机水平从而让员工表现出不同的行为模式(Rousseau & Fried, 2001)，而作为基本的动机理论，个体的调节焦点理论充分阐释了这一“动机—行为”过程(Higgins, 1998)，被很多研究者用于解释不同组织情境下个体行为策略的选择过程(Lockwood, Jordan & Kunda, 2002)。调节焦点理论认为个体的调节焦点可以分为两类：促进型调节焦点和抑制型调节焦点。促进型调节焦点的个体强调自我提升和个人成就，聚焦于可能获得的奖赏和潜在收益；而抑制型调节焦点的个体更加关注自我责任和义务的履行，聚焦于可能的惩罚和潜在损失。并且该理论认为调节焦点可以分为特质型调节焦点和情境型调节焦点(Liberman et al., 1999)。同时，调节焦点理论认为：调节焦点是一类个体特质/倾向型特征，但个体的调节焦点模式也受到情境的影响，在不同情境中表现出不同的调节焦点类型，这类调节焦点模式被称作情境型调节焦点(Higgins, 1998; Lockwood et al., 2002)。

资源保存理论认为具有较多资源的个体更加关注潜在收益和资源的获取。变革型领导通过赋予员工以较多的工作自主权、多元化的支持和个性化的关怀，促使员工更加关注可能的资源获取，激发了员工的促进型调节焦点。理论研究也表明变革型领导和员工的情境型的促进调节焦点正相关(Hamstra et al., 2011; Kark & Van Dijk, 2007)。因而，变革型领导风格感知对个体的情境型促进焦点有积极作用；同时，以往的理论研究已经证明促进调节焦点与安全管理中的安全积极行为的正相关关系(Kark et al.,

2015)。研究认为促进型调节焦点与创造性行为正相关,究其原因在于促进型调节焦点的个体具有探索型取向,更加关注潜在收益和理想自我(Neubert et al., 2008)。聚焦于不断的自我提升,促进型调节焦点的员工有较高的动机去主动察觉安全隐患,发现安全问题,以实现安全绩效提升的目的。因而,我们认为促进型调节焦点与个体的问题识别正相关;同时,调节焦点理论认为,促进型焦点的个体关注于改进和进步,而当他们的情境提升焦点被触发时,个人倾向于表达更多的与工作相关的意见或担忧。理论研究表明,促进型调节焦点的个体更加积极主动地参与安全管理工作,表现出更多的安全公民行为(Kark et al., 2015)。因而,我们认为促进型调节焦点与个体的安全建言行为正相关。

基于资源保存理论,变革型领导通过赋予员工以较多的工作资源,激发员工关注持续的改进和潜在的收益获取,促使员工积极主动地察觉安全隐患以不断地提升工作场所的安全性;同时,通过激发员工对理想自我和个人成就的追求,将安全价值不断内化为员工的内在动机,促使个体更加积极主动地参与安全管理工作,为工作场所安全改进不断建言献策。有研究认为,尽管安全建言意味着对现状的挑战而可能会带来人际风险,一些学者仍然认为表达与工作相关的担忧是获取资源的重要途径(Ng & Feldman, 2012; Seibert et al., 2001)。有研究发现,当员工感知到他们的努力会提高组织生产力而非提升个人绩效时,员工表达他们的工作顾虑会获得额外的工作资源,原因在于积极的安全建言会帮助员工获得较高的绩效评价和职业生涯的晋升(Bolino & Turnley, 2005; Bolino et al., 2004)。因而,可以假设情境型促进焦点在变革型领导风格感知和个体的问题识别关系中起中介作用;情境型促进焦点在变革型领导风格感知和个体的安全建言关系中起中介作用。

交易型领导给予员工的自主性较弱,其通过被动的权变奖励、例外管理往往使员工更加关注自我责任的履行和可能因无法履行任务而招致的惩罚,因而交易型领导风格下的员工的抑制调节焦点更易被激发。以往的理论研究也支持这一观点(Hamstra et al., 2011; Kark & Van Dijk, 2007)。因而,我们认为交易型领导和员工的抑制调节焦点正相关,即交易型领导风格对感知个体的情境型抑制焦点有积极作用。

以往的理论研究已经证明，抑制焦点和员工的安全行为之间存在着积极的关系(Wallace, Little & Shull, 2008)。有学者认为，具有预防焦点的个体倾向于关注潜在的损失或失败(Higgins & Tykocinski, 1992)，因而他们更加关心自己的义务履行和任务准确性的达成(Higgins, 1998)，以免因预定任务无法达成而受到惩罚。基于此，我们推测情境型抑制焦点的个体更加关注环境中的威胁，从而认识到更多的安全问题和潜在的安全隐患；同时，由于安全建言具有一定的人际风险，可能会给自己带来消极的人际后果，抑制焦点的个体更加关注安全建言给自己带来的诸如人际关系恶化、遭到打击报复等消极后果，因而表现出更少的安全建言行为。

根据资源保存理论的逻辑，交易型领导赋予员工的资源较少，其通过例外管理、被动的权变奖励等措施让员工感知到较少的工作控制和资源。员工更加关注自我责任的履行和安全惩罚的规避，导致其抑制的调节焦点被激发。出于保存自我有限的资源的目的，交易型领导下的员工对工作环境中的威胁和安全隐患更加敏感，因而能够识别更多的安全问题；然而，即使其发现了安全问题，基于安全建言可能给自己带来的不利结果的考虑，安全建言动机被大大弱化。因而，可以假设：(1)情境型抑制焦点在交易型领导风格感知和个体的问题识别关系中起中介作用；(2)情境型抑制焦点在交易型领导风格感知和个体的安全建言关系中起中介作用。

尽管我们基于现象嵌入式的过程视角，在研究中探讨了变革型/交易型领导风格和安全建言过程(即安全建言发生过程，如前文所述，是问题识别、安全建言的统称)的作用机制，加深了我们对于变革型/交易型领导对问题识别和安全建言的不同效应机制以及情境因素的理解，我们也对研究结果进行了交叉验证，然而仅限于对员工个体水平的解释，即领导通过作用于员工的行为动机影响员工的安全问题识别及安全建言(见图 9.3)。同时，我们可发现对上述两种领导风格如何影响从问题识别到员工安全建言这一逻辑链条的刻画仍然不够清晰。并且，领导作为“氛围的缔造者”和“团队的守门员”的角色作用还没有得到充分的阐释。基于此问题，我们将在研究中验证变革型/交易型领导如何通过影响团队的氛围进而影响员工问题识别到安全建言这一逻辑链条,以回答研究中疑问,即不同的领导风格是否由于影响了不同的氛围导致发现安全问题的员工表现出不同的安全建言行为,从而帮助我们更好地理解领导风格影响安全建言的全貌和其背后的逻辑链条。

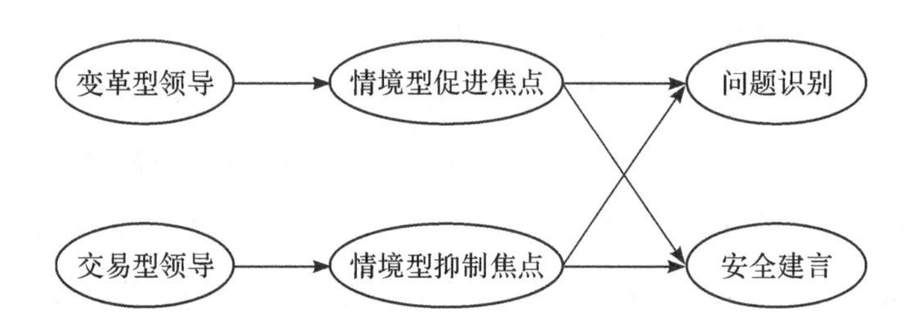

图 9.3 领导力对安全建言影响的研究模型

两种领导风格对建言氛围的作用不同。以往的理论研究表明,通过构建积极的领导—成员交换关系,变革型领导能够激发员工的互惠义务,从而强化员工对工作意见和担忧的表达;而交易型领导风格下的员工感知到的互惠义务较少,从而表现出较低水平的安全建言行为(Clarke, 2013)。

资源保存理论认为,不同的个体由于占有的资源不同,对资源的获取和损失的策略选择也不同。作为具有人际风险的行为,个体在进行安全建言时首先会对环境进行一个评估(Nembhard & Edmondson, 2006)。基于资源保存理论,变革型领导赋予员工以较多的工作资源,导致其员工对资源获取更加敏感,较少关注人际风险,从而表现出更多的安全建言行为;相反,交易型领导下的员工占据的资源较少,因而对可能导致人际资源损失的建言行为更加敏感。所以,交易型领导风格下的员工即使发现了安全问题,出于资源保存的目的,也会表现出较少的安全建言行为,以往的理论研究也支持这一观点(Clarke, 2013)。因而,可以假设:(1)变革型领导正向调节问题识别和安全建言之间的关系;(2)交易型领导负向调节问题识别和安全建言之间的关系。

(三)建言氛围对领导力与建言行为关系的效应

建言氛围的中介调节作用。因为安全建言是一种具有人际风险的行为,可能会给员工的人际关系带来消极影响,因而员工是否向领导或管理部门提出自我对工作的看法或担忧,很大程度上基于其对人际环境的判断和评估，诸如领导的开放性程度（Detert & Burris，2007）、团队的心理安全感等因素（Nembhard & Edmondson，2006）。并且安全建言具有“价值性”的特征，即只有当员工预期其意见和建议对组织有积极的作用，并可能为领导和安全管理部门所重视时，员工才会积极地表达自己对工作安全问题的看法和担忧，因而团队内员工针对建言行为风险和建言效果形成了共享价值观（Morrison et al.，2011），团队的建言氛围和员工的安全建言密不可分。

我们认为建言氛围调节着问题识别和安全建言的效应，原因如下：第一，从建言氛围的内涵来看，其包括心理安全感和团队效能感的内容。其中，团队的共享信念传递着“表达对工作场所安全问题的意见和担忧是危险的或安全的”，表征者群体对安全建言的人际风险的预期（Detert & Burris，2007；LePine & Dyne，1998；Milliken et al.，2003）。因而，从这个层面上来说，良好积极的建言氛围对于员工的安全建言至关重要（Edmondson，1999）。第二，从安全建言效能感这个层面来看，“相信团队成员的安全建言是有价值的”也同样影响着员工的安全建言行为。根据计划行为理论，员工是否从事安全建言行为往往取决于员工的个人态度、对工作单元的规范压力感知以及对自我安全建言行为预期的评价（Ajzen，1991，1991）。因而，从这个层面上来说，安全建言有效性的共同信念对员工的安全建言行为的发生也至关重要。

基于资源保存理论的逻辑，资源较多的个体对潜在的资源丧失缺乏敏感性，更加关注可能的资源获得；资源较少的个体聚焦于可能的资源失去，更加关注资源维持和保存。当建言氛围较为积极时，员工获得了一定的外部的资源支持，因而产生“建言行为不会给自己带来消极的人际结果”以及“我们的建言对组织是有价值的”的感知。所以在这种情况下，员工的“安全建言导致人际威胁”的顾虑得以消除，表现出更多的建言行为；相反，当建言氛围处于较低水平时，由于缺乏组织或团队的资源（支持），同时考虑到表达安全问题可能会给自己带来较多消极的人际结果且安全建言往往难以起到作用，因而员工关注潜在威胁的动机被加强，进而呈现出较低水平的安全建言。因而可以假设建言氛围正向调节问题识别和安全建言之间的关系。

变革型领导赋予员工以较多的工作资源，如鼓励员工积极地参与决策、为员工提供多元化的支持、给员工较多的个性化关怀以及赋予员工以较多的工作自主权等,通过诸多支持措施的干预和导入,变革型领导增加了员工的自信心和效能感,从而让员工感知到了其安全建言对组织的“有用性”,进而表现出更多的建言行为;同时变革型领导强调不断地提升和改变,激发了员工“旨在改变工作场所的安全可靠性的安全建言是被提倡和安全的”的认知,消除了员工的安全建言的心理顾虑。而建言的“有用性”以及“心理安全”都是建言氛围的核心要义。同时,交易型领导由于赋予员工的资源较少,其强调通过严格的规章制度和严厉的奖惩措施,以及严密的控制来实现工作场所的安全绩效的提升,聚焦于通过措施导入让员工被动地遵守安全制度、执行安全政策,因而极大地削弱了员工的参与动机。员工也没有形成安全建言“有用性”和“心理安全”的感知,导致员工建言氛围感知较低,从而表现出较弱的建言氛围。

(四)安全建言行为研究结果的启示

总结而言,安全建言既可以从一般建言研究中获得启发,也应当嵌入情境分析安全过程的独特性,尤其是问题识别和问题汇报两个过程,安全建言的研究对安全管理实践有如下的启示。

第一,问题识别和安全建言并行不悖,是提升安全绩效的重要议题。本研究关注安全管理实践中普遍存在的一个现象——如何让员工更好地发现问题并积极地向管理部门表达相关的看法。以往的理论研究表明,安全事故发生的主要原因是员工隐藏看法,对管理部门闭口不言(Probst, Brubaker & Barsotti, 2008; Probst & Estrada, 2010);而 Dillon 等学者认为安全事故发生的重要原因并非员工不愿将安全建言给管理部门,而是他们很难发现安全问题(Baron & Hershey, 1988; Dillon, Tinsley et al., 2016)。因而促进员工在发现安全问题的同时积极地向安全管理部门表达自己对工作安全的看法对于规避安全事故、提升安全绩效具有重要的实践意义。

第二,领导风格是塑造员工安全行为的关键。安全悲剧一再上演的原因,可能在于领导风格的模糊性。领导对安全绩效的忽视,可能给员工造成“这种问题无所谓”“这种现象仅仅是巧合”等错觉,从而让员工低估了由安全隐患引发安全事故的可能性和安全事故的严重性。所谓“兵熊熊一个，将熊熊一窝”，没有领导的重视，安全事故的避免和安全绩效的提升就无法得到保证。因而根据研究结果，安全管理者可以通过赋予员工以较多的工作自主权，提供多元化的支持手段以及个性化的关怀，从而激发员工对安全工作持续改进的追求。

当然，管理者也可以通过严厉的惩罚措施、积极的干预让员工具有较高的安全意识，通过各种惩罚措施让员工害怕惩罚和损失，进而被动地发现安全问题，这也是现在很多安全攸关组织进行安全管理所采用的常见模式。不能否认，为员工设置“高压线”“底线”“巨额罚款”“追究责任”等做法对于员工的安全问题识别具有一定的积极意义。然而，这会导致员工发现问题时隐藏问题不予表达，这对组织安全绩效的提升和安全事故的规避具有非常消极的影响。

第三，积极氛围的营造对于领导塑造员工安全行为至关重要。本研究发现安全氛围能够调节领导通过影响员工调节焦点进而作用于员工的问题识别的效应，进而影响员工的问题识别。政策是员工行为的“指挥棒”，对于安全攸关组织来说，如果缺乏完备的安全政策的约束，在面临安全目标和绩效目标冲突时，员工毫无疑问会倾向于以牺牲安全绩效为代价而获取较高的生产绩效。同样值得关注的是团队成员所具有的共有安全价值观对员工行为的塑造。不难理解，在面对安全和生产选择困境的时候，“法不责众”的思想往往会成为员工行为选择的内在驱动力，即当团队同事都不遵守、不贯彻安全精神和安全制度时，很难想象仅仅依靠自我约束去实现员工安全绩效提升。因而，构建积极的安全氛围，鼓励员工具备安全责任意识对广大安全管理者来说是一项重要任务。安全氛围作用的发挥往往离不开团队领导，只有将二者紧密地结合起来进行统筹考虑，才能将安全制度和安全提升措施落到实处。

第十章　安全问题识别与汇报的一项多案例研究

安全隐患的识别和汇报是预防事故的重要手段之一。险兆事件的识别，即个体基于其对安全事件的解读而把安全事件归结为安全问题或者非安全问题的主观判断。由于个体的主观判断存在差异，因而个体对险兆事件的识别程度也不尽相同。如 Dillon 等（2014）研究认为个体的安全责任感、个体的风险厌恶程度对个体的险兆事件的识别程度具有积极的正向作用；同时研究还发现工程的重要程度对险兆事件的识别具有显著的正向作用(Dillon et al., 2013)。而“产生观点”指问题发现的结果，其更大程度绕开了具体的事件本身，不关注单一的具体事件及其背后的执行者，也不再局限于单一情境而直接关注员工发现问题的结果。相关的研究结果表明，当领导的开放性较高时，员工的“产生观点”与建言行为正相关（Tucker & Turner, 2015）。同时，很多研究者把“产生观点”作为中介变量或控制变量出现在一些实证研究中(Burris et al., 2008; Detert & Burris, 2007; Frese et al., 1999)。

如前文所述，以往学者们对建言的理论研究立足于行为的角度，认为建言是员工向管理层表达增进组织效能或规避组织问题的意见行为，着眼于如何将员工的问题识别转化为建言行为。以往对于建言行为的研究隐含着这样一个假定——员工都具有对工作问题的意见或建议，因而其意图解决的核心问题是如何促进员工对问题的表达。在安全管理情境下，基于这一假定单独地研究安全建言就存在着较大的问题，毕竟由于不同员工有不同的感知水平，个体对于工作相关的问题的看法存在着较大的差异。因而，基于安全建言的产生逻辑，通过还原安全建言的产生过程来探讨安全隐患识别和汇报过程就变得较有意义。

对于问题识别，尽管以往的学者没有进行过较为直接的研究，但这一问题已经受到了学者们的关注。例如，安全管理领域理论研究所提及的“险兆事件识别”（即发现那些对当前没有实际危害，但是若环境稍有变化，则极可能转变为安全灾难的事件）对于工作场所安全管理具有重要意义（Chen，Wu & Zhang，2012；Dillon & Tinsley，2008；Madsen，Dillon & Tinsley，2015）；同时，组织行为学研究领域有学者认为“产生观点”（having ideas）是员工安全建言的前提和基础（Burris et al.，2008；Detert & Burris，2007；Frese et al.，1999）。但是，在我们看来二者指向了同一问题，具有较为相似的内涵特征，然而强调的层面存在一定的差异。既然以往的理论研究者并没有直接地从发生过程的角度去探讨安全建言，因而我们对采用案例研究的方法进行探讨以提供更为直接的证据。在本研究中，我们对安全建言过程进行再现，然后基于安全建言产生的整个过程进行内容分析并抽象出具体的成分，最终形成不同的概念，并在此基础上理清安全建言产生的背后逻辑链条。

在研究方法上，多案例方法在安全行为的研究中较少被采用，大量研究采用量化分析的方法，但这可能导致研究与现实安全管理情境的契合性不足。因此这里采用多案例研究的目标在于，在安全背景下的现象嵌入下探讨安全建言发生的过程及影响因素，即通过分析展示在安全建言主题中同时关注问题识别的合理性。在这一研究中将采用多案例比较的方法，着眼于展示从安全问题识别到安全建言表达的整个逻辑链条，尝试以定性的手段展示安全建言的产生逻辑。我们基本的研究思路是通过对三个案例的因素分析、分类对比、归纳抽象，得出安全建言产生的背后逻辑要素，从而充分展示采用现象嵌入式的过程视角探讨安全建言研究的重要性和必要性。

我们将运用多案例比较的研究方法来探讨上述问题。究其原因有以下几点。首先，考虑到采用现象嵌入式的过程视角研究安全建言的方式还比较新，很少有学者探讨安全建言的前提以及其如何转变为现实的建议表达。而在缺乏相关实证研究的情况下，通过定性归纳理论对于丰富研究视角具有重要意义(Edmondson & McManus, 2007)。其次,基于研究方法匹配的原则,在不加入个体控制和操纵的情况下,回答"如何产生和演化"这一问题比较适合的研究工具就是案例分析法(Eisenhardt, 1989; Eisenhardt & Graebner, 2007; Yin, 1994)。

多案例研究主要分析了安全问题识别—安全建言整个逻辑链条,通过三个安全情境下的案例探讨,我们归纳出了安全问题识别—安全建言逻辑链的一般规律:一方面,问题识别和安全建言是具有不同内涵的两个概念,并且问题识别是安全建言的前提和关键,因而在安全建言研究中考虑问题识别具有较强的现实意义;另一方面,我们经过系统梳理发现安全建言和问题识别具有不同的逻辑前因,因而有必要进行过程性的探讨。这说明在安全情境下对二者进行有效的区分和逻辑整合具有较强的理论和现实意义。

安全问题的识别即通过对安全事件的解读和判断,发现安全管理过程中存在的问题和隐患(Dillon, Tinsley et al., 2016),被认为是安全管理的起点和抓手(Phimister et al., 2003)。对于问题识别,以往学者并没有明确的定义。然而,从内涵上来看,问题识别和安全管理领域理论研究所提及的"险兆事件识别"(Chen et al., 2012; Dillon & Tinsley, 2008; Madsen et al., 2015),以及组织行为学研究领域中的"产生观点"(Burris et al., 2008; Detert & Burris, 2007; Frese et al., 1999)具有较高的相关性。

"险兆事件的识别"即个体基于其对安全事件的解读而把安全事件归结为安全问题或者非安全问题的评估(Dillon et al., 2014; 2016),其表征的是一种主观判断。而"产生观点"更多地强调问题发现的结果,即个体具有的对相关问题的看法,常作为中介变量或控制变量出现在一些实证研究中(Burris et al., 2008; Detert & Burris, 2007; Frese et al., 1999)。通过系统分析,我们认为安全现象相关的"产生观点",更大程度绕开了具体的事件本身,不关注单一的具体事件及其背后的执行者,也不再局限于单一情境而直接关注员工发现问题的结果,更多的是把它看成一种结果。因而,结合以往的研究结论,我们把问题识别定义为"对安全现象的解读和判断",其内涵与"险兆事件识别"具有较高的一致性,同时把安全管理中员工的"产生观点"作为问题识别的结果标准。

然而，令人遗憾的是，问题识别虽然至关重要，但其研究处于起步节点。如 Phimister 等(2003)以化工行业为研究样本，认为险兆事件管理的起点在于识别安全问题。只有安全问题被识别以后，员工才能进行安全汇报、安全经验分享以及组织安全学习等。这一观点得到了后来研究者的支持，如 Dillon 等(2016)认为在安全管理中，险兆事件的识别是汇报的第一步，只有安全隐患被识别出来，汇报和后续的学习行为才能发生。既然安全问题识别对于组织安全管理具有重要意义，那么如何提高个体对于安全隐患的识别水平自然就成为研究者和管理实践者关注的核心问题。然而，安全问题识别的前因及其作用机制研究还处于起步阶段，相关的理论研究较少。因此从一定意义上来说，基于现象嵌入式的过程视角，在安全建言领域中关注问题识别对于拓展安全建言研究、增强我们对于安全建言发生背后的逻辑链条的理解具有重要的意义。

一、案例企业介绍

本研究选择了三个不同的组织，分别是建筑承建公司、抽水蓄能电站和核电站。选取样本主要考虑了样本可获得性和对安全管理问题的代表性。我们根据安全管理的复杂度、对从业人员的专业性要求程度以及安全风险感知的高低等指标，选取代表不同水平特征的企业样本。在安全管理的复杂度上，建筑企业、水电企业和核能企业的系统复杂度依次提高；在从业人员专业性上，建筑行业一线从业者主要是教育程度较低的农民工，能源行业和核电行业从业人员的专业技能要求较高；在安全风险感知的高低上，建筑行业感知的风险较低，但事故发生频次相对较高，核电行业感知的风险较高，但实际事故发生频次相对较低，抽水蓄能电站居于其间；并且，在安全管理方式上，三个组织都是把安全建言作为规避安全事故和提升安全绩效的重要手段。因此，本研究选取的案例样本在安全管理问题上具有一定的代表性。

(A)建筑承建公司。ZJ 公司经江苏省人民政府批准，成立于 1989 年。该公司具有国家住建部核定的房屋建筑工程施工总承包特级资质，同时还具有市政公用工程施工总承包一级、机电安装工程施工总承包一级、地基与基础工程专业承包一级、建筑装修装饰工程专业承包一级、钢结构工程专业承包一级、机电设备安装工程专业承包一级、消防设施工程专业承包二级资质。主要业务范围包括设计、科研、总承包、劳务施工和房地产等。公司现有各类管理人员5000多名,其中工程技术和经济管理人员近4500名,高级职称200多人,中级职称近600人。经过公司多年的努力和不断发展,ZJ公司相继通过了ISO9001:2008国际质量体系认证、ISO14001:2004环境管理体系认证及GB/T 28001-2001职业健康安全管理体系认证,具有承建高层建筑、大型工业厂房、大体量公共设施建筑工程、高级装饰、大型市政工程、环境园林工程、机电设备安装等大中型项目的综合施工能力。先后承建了多个具有影响力的标志性工程项目,受到国家和地方政府及业主和合作单位的广泛好评。一大批工程获得"鲁班奖"(国优)及"扬子杯""长城杯""白玉兰杯"等省市优质工程奖项。

该公司始终恪守"以人为本"的企业哲学,牢记"塑造人品、建造精品,幸福员工、造福社会"的企业使命,弘扬"诚信、团结、敬业、创新"的企业精神,秉承"科学管理、精益求精、持续改进、追求卓越"的质量安全环境方针,连续多年被资信评估权威机构认定为"AAA"资信企业、"全国优秀施工企业"、"全国质量管理先进企业"和"'十一五'全国建筑业科技进步与技术创新先进企业"等称号。

然而,由于行业的管理水平相对落后,安全管理意识相对不足,安全事故的悲剧一再上演。近年来,如宁夏"11·9"海原事故(造成3人死亡)、江西丰城发电厂"11·24"特别重大坍塌事故(造成74人遇难)、湖北省麻城仙山牡丹博览园水上乐园综合楼工程坍塌事故(造成6人死亡)等,为建筑行业的安全管理实践者敲响了警钟。在安全管理形势严峻的行业背景下,2014年ZJ公司进驻南京项目以来,特别注重施工安全,具体措施包括:(1)项目经理牵头成立安全管理部门,并形成了以项目经理为安全管理负责人、以项目经理下属的3名具有安全考核权威部门认证的安全管理人员为骨干、以多个班组的班组长为辅助的安全管理团队。(2)根据南京项目的具体特征,制定了层次化、体系化的安全管理监管和考核措施。(3)明确规定作为施工项目的总承包企业,安全管理团队对该项目建筑主体施工的所有安全事故负责(该项目分为多个标段，总包负责主体施工建造，至于前期的土方工程，后期的绿化、门窗等隶属于其他承包企业的标段）。(4)为了实现安全的精细化管理，其根据内容把安全管理内容细分为脚手架、临边防护、施工用电、施工机械、三宝使用（建筑工人安全防护的三件宝，即安全帽、安全带、安全网）和防火安全等诸多环节。其组织架构如图 10.1 所示。

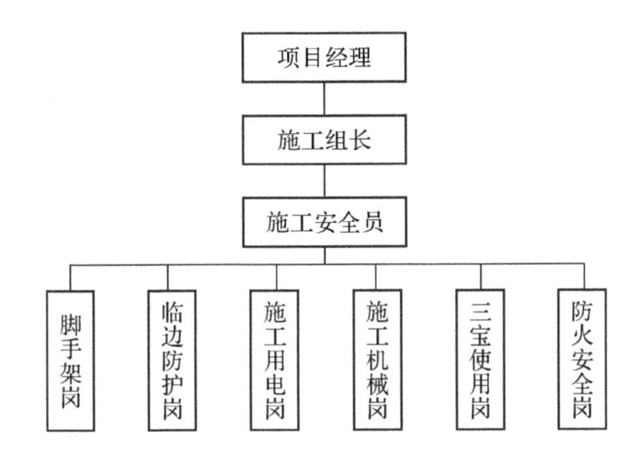

图 10.1　ZJ 建筑公司组织结构（以安全管理相关岗位为例）

然而，ZJ 公司发现仅仅依靠自上而下的监管措施，难以有效地实现安全防范的目的，取而代之的是发动广大一线员工共同维护和提升工作场所安全。为此公司一直奉行“七查”（查思想、查制度、查措施、查隐患、查结果、查组织、查培训）和“四不放过”（未查清原因不放过、相关人员未处理不放过、未达到教育学习目的不放过、未提供优化整改措施不放过）的方针，强化员工“不存侥幸心理，杜绝想当然”的安全意识，并积极鼓励员工发现安全隐患，积极地为工作场所安全建言献策。公司明确规定：“员工要肩负安全责任，时刻察觉安全隐患，对不能及时发现安全隐患并造成安全事故的要按照情节轻重追究个人责任”，“在安全设施、安全技术措施等方面有创造、革新、重大改进及合理化建议，并取得有关部门认可的给予 100～500 元奖励”。鼓励员工发现问题并及时将安全意见表达给管理部门，以实现有效避免安全事故发生的目的。

在多种安全管理措施的导入下，ZJ 公司的南京项目安全管理成绩斐然。尽管偶尔出现员工违反安全规定进行违规操作的情况，但是没有出现过一起严重的安全事故，实现了 ZJ 公司“杜绝一切重大伤亡事故、事故频发率和歇工率控制在 1.5‰”的总体目标。

(B)抽水蓄能公司。XJ 公司位于浙江省，主要任务是通过抽水蓄能发电实现电力资源在时间上的合理分配(即“削峰填谷”，基于白天的电能需求较多而夜晚的电能需求较少的特征，由于火电或核电难以实现有效的电力调整功能，所以水电这种“晚间通过富余的电能将水从低位转移到高位，而在白天将水的势能再转化为电能”的模式应运而生)。XJ 公司电站下库(电站抽水的起始点)处于海拔 300 多米的山腰，经由人工大坝对河道支流的拦截而成，设计的最高蓄能水位约为 350 米，总蓄水量高达近 900 万立方米。位于下库的电机主厂房是水电站的核心部分，相关的设备分布于 40 多个洞室之内。电机主厂房全长约 200 米，宽 20 余米，高近 50 米。电站上库(电站抽水输送的目的地)位于海拔近 1000 米的山顶，位于两座山峰之间，后经由人工填筑而成。上库设计的平均深度近 50 米，总蓄水能量可达近 900 万立方米。此外，连接上库和下库的输水系统铺设在山体内，该系统主要由位于上库和下库的闸门口和连接二者之间的斜井式的高压输水管道构成。在下库位置共有机组若干台，装机容量近 200 万千瓦时，平均年发电量约为 40 万千瓦时，是目前中国单个厂房装机容量相对较大、水头相对较高的一座抽水蓄能电站。

安全管理对于抽水蓄能电站至关重要，究其原因在于抽水蓄能电站的安全问题复杂，且管理不慎极有可能导致重大安全事故。其常见的安全隐患防范内容简单，可以概括为“三高”。第一，水压高。由于几百米的高度落差，上库的水流经过闸门从山体中的管道流通下来聚集的能量较大。据安全管理员介绍，如果下库的管道破裂，几百米高度形成的重力势能使喷射水流的速度远超子弹，可以瞬间穿透人体甚至一般的钢板。第二，油压高。一方面，从下库将水流垂直输送至几百米高的上库，往往需要较大的机械外力来实现，而机械的转动一般都需要借助较高的油压，因而高油压也是抽水蓄能电站安全管理中非常重要的因素。第三，气压高。很多配电装置和油压装置都需要用到高压气体，据安全管理员介绍，如气压系统中的空气断路器(见于配电装置中)的工作压力需要高达近 3 兆帕的气压。除此之外，“三违反”也是安全管理的重中之重，即违章指挥、违章作业和违反劳动纪律。应佩戴对应的安全帽（如员工佩戴红色帽，参观人员佩戴白色帽，检修人员佩戴黄色帽等）、着装整齐（防止衣角靠近高速转动装置造成事故）以及遵守其他基本的安全规定（如安装或拆卸高压熔断器时，员工必须佩戴护目眼镜及绝缘手套等）。

作为事关国计民生的企业实体，抽水蓄能行业向来对安全管理极度重视，然而相关的安全事故并不少见。如在2005年的美国汤溯抽水蓄能电站事故中，操作人员麻痹大意，导致自动控制设备的安装位置错误进而使得设备系统无法工作，最终导致多人受伤；在2009年俄罗斯萨扬舒申斯克水电站事故中，员工违规操作导致自动设备出现故障，且应急设备未设置备用电源，造成70多人死亡，损失高达近13亿美元。为了提升抽水蓄能电站的安全性和可靠性，XJ公司对安全管理极为重视，推行了一系列安全管理举措。从组织架构上来看，XJ公司专门成立安全质量监察部门并由总经理亲自指挥，下设机电运维一班安全岗（负责励磁系统、发电电动机电气部分、厂用电系统、主变压器、继电保护系统等）、机电运维二班安全岗（负责水泵水轮机、发电机和电动机的机械部分、调速器、球阀、辅机）、水工综合班安全岗（负责水工自动监测、输水系统、洞室群和地下厂房辅助设施），具体如图10.2所示。

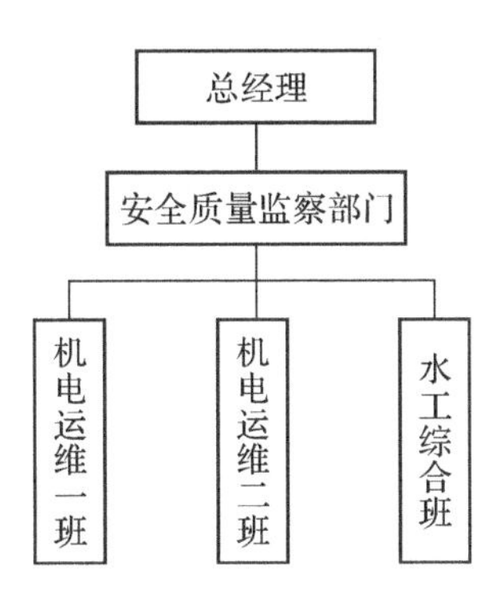

图10.2　XJ抽水蓄能电站组织结构（以安全管理相关岗位为例）

随着技术的革新和外部不确定性的加剧，XJ公司逐渐认识到有效解决错综复杂的安全问题、杜绝安全事故发生的有效途径就是不断学习创新，即通过员工齐心协力，不断挖掘安全问题并积极为公司建言献策，从而形成持续不断的学习能力。多年以来,公司开创并形成了安全“班前会”和“班后会”制度,由班长或副班长主持,在班后或下一工作日的班前召开定期会议。其中,班前会的主要工作内容,一是结合当班运行方式、工作任务开展安全风险分析,并针对可能出现的安全问题布置风险预控措施。二是组织交代工作任务、作业风险和安全措施,检查个人安全器具、个人劳动防护用品和人员精神状况,确保安全的主要践行者——员工——合规且精神状态良好地进行工作。班后会的主要工作内容是总结讲评当班工作和安全情况,表扬遵章守纪的个体,批评忽视安全、违章作业等不良的安全现象。

基于覆盖面广、层次化、丰富多元的安全制度设计,有力的贯彻执行能力,以及富有活力的学习能力,XJ 公司在运营过程中未出现过一起严重的安全事故,安全违规事件得到了极为有效的控制。在多年安全管理经验的积淀下,XJ 公司逐渐成为集团中安全管理学习的样板,吸引了越来越多的兄弟公司及其他相关单位前来学习。其中,“五个一”工程(讲好一堂课、整理好一本资料、带出一个好徒弟、写出一篇好论文、提出一个好建议)更是成为其安全管理中的亮点。

(C)核电站(由于部分内容涉密,出于学术伦理,一些信息如组织结构和相关分工等不予以呈现)。YW 核电站是中国采用目前国际上比较成熟的压水堆(此种设计理念不同于沸水堆的设计理念,其通过加高压而使水的沸点升高,避免沸腾过程中产生气泡聚集而降低传热效果)理念而设计的核电站,隶属于中国核工业集团。YW 核电站的建造共分为三期,一期于 20 世纪末投产运营,年平均发电量为 17 亿千瓦时;二期于 21 世纪初投入运行;三期于几年前投入运营。共有机组若干台,预计年平均发电量达 500 亿千瓦时,为中国国内核电机组规模最大的核电基地之一。

安全管理对于核电站的运营过程至关重要,主要表现在电站几个组成部分可能出现的安全事故上。从构成上来看,核电站由核岛(核反应提供蒸汽系统,其主要功能是把核反应的能量通过高压水冷却变成蒸汽)、常规岛(蒸汽推动汽轮发电设备,即通过蒸汽推动汽轮发电机发电,其主要功能是把蒸汽的热能通过机械能转化为电能)和电厂配电系统(把电能经过发电增压并输出)三个模块构成,任何一个模块都可能因为人为的疏忽而发生安全事故甚至灾难性的后果。如1986年乌克兰的切尔诺贝利核电站事故，就是人为关闭了多层安全防护系统，人员违规操作没有发现反应堆异常（其中缺乏核反应安全壳的设计也是一个重要原因），导致四号机组发生爆炸，多种强辐射燃料泄露，造成了不可挽回的灾难性后果；再如2011年日本福岛核泄漏事件，在地震和海啸叠加的情况下，福岛核电站中的一站的反应堆发生泄露，造成了大量的强辐射物质泄露，事件严重程度达到七级（核电事故的最高等级基本为七级，即特别重大事故）。事后调查结果显示，当员工发现核反应堆发生泄露时仍抱有侥幸心理，意图保护核反应堆而没有启动设备向核反应堆喷洒硼水（反应堆运行的条件是释放的中子数和消失的中子数相等，喷射硼水可以加大中子数的消失速度，从而打破上述平衡，进而使反应堆停堆），最终酿成惨剧。

在集团公司的引领下，YW公司多年来坚持先试先行，不断完善安全文化建设规程，营造安全文化氛围，强化安全责任意识，实现了安全文化建设绩效的稳步提高。多年来YW公司一直秉承"以高度责任心，守护核电安全"的工作思路，通过梳理安全制度建设流程、强化安全责任意识、优化安全文化体系，有针对性地开展安全管理工作。

在集团公司安全精神的引领和公司安全制度的贯彻落实下，员工的工作压力得到了较大的缓解，安全执行力得到了较大提升。从宏观层面来说，YW公司不断强化安全意识，激发员工安全动机，并通过领导与团队成员以及团队成员之间的良性互动，营造了积极的安全氛围（如开展部门安全图标设计活动、以安全文化为主题的户外拓展等安全活动）；从微观层面来说，经过多年的发展和积极探索，安全管理的制度精神得到全面贯彻（员工对当前的安全操作制度比较认同，对操作制度、奖励制度、操作制度和接口制度体系的认知比较清晰，并且绝大多数员工认为目前工作制度和安全责任制度清晰，对违反安全规程的惩罚制度具有较为明确的认识）。然而，随着环境不确定性的加剧，YW公司逐渐认识到唯有通过持续的学习才能为安全防御提供有力的保障，为此公司建立了多元化、系统化、持续化的学习体系，并取得了较好的效果。具体来说，从制度层面来看，安全学习制度比较完善，并得到绝大多数员工的认可；从具体环节来看，广大员工都能对安全学习过程有比较清楚的认识；从氛围构建来说，当前的安全学习氛围健康良好，学习机制已经日趋成熟。

与以往的研究观点相一致的是案例选择与反映的理论问题要相互匹配（Yin，1994），为此我们精心挑选了上述三个案例。不难看出，我们选取建筑工地、抽水蓄能电站和核电站均与安全管理息息相关，安全管理贯穿于日常生产过程。并且，在上述三个案例中我们可以看到识别安全问题、表达安全建议对于有效避免安全事故、提升安全绩效具有非常重要的意义。所以，我们认为上述案例的选择具有较高的合理性，符合理论取样的科学原则（Eisenhardt，1989）。

二、数据获取与分析方法

基于案例分析的数据收集方法和原则（Yin，1994），我们之所以结合了半结构化和结构化访谈形式，以及文本资料编辑的方式来获取数据并相互印证，原因在于安全建言往往可以通过文本记录或访谈得到，然而问题识别往往难以通过文本资料获得（由于问题识别更多是一种主观态度，富有情境化的访谈形式对于其挖掘往往更具有优势）。因而为了提高数据获取质量，我们在结构化或半结构化访谈过程中通过关键事件法挖掘建言过程的核心要素，并通过文本资料来进行印证。

首先，在对每一个公司进行访谈之前，我们成立了包括3名博士、1名博士生导师及来自不同公司的2名具有熟练工作经验的员工在内的专家小组。其次，由专家小组通过头脑风暴法提出安全管理中可能存在的安全现象和安全问题，然后我们结合理论研究将建言过程中涉及的问题进行归类汇总；再次，我们再将归类汇总的具体问题进行系统抽象，形成具有高度概括性的问题。问题主要包括员工的安全建言过程是什么样的、涉及的部门及人员有哪些、实际的汇报过程中有哪些常见的困难、问题及其原因等（具体详见访谈提纲）。每个公司的访谈分别包括2名公司领导层、3名安全管理人员、6～10名基层员工。为了深入挖掘问题和消除员工顾虑，我们每轮访谈1名人员，根据个人表达情况的不同灵活调整时间，平均每轮访谈持续30分钟左右。

在分析方法上，我们根据以往的研究范式（Eisenhardt，1989），首先对单个案例进行挖掘，结合以往对安全建言（Van Dyne & LePine，1998）和问题识别的定义（Dillon，Tinsley et al.，2016），对安全建言发生过程进行深入解剖；然后，我们对三个案例进行比较分析，抽象出共性特征。

三、案例研究讨论

（一）管理层如何看待安全建言

ZJ 建筑公司负责南京某楼盘项目的主体施工建设（主要包括三块内容，即混凝土工程、砌体工程和钢结构工程），主要涉及的工种包括塔吊操作工、木工、瓦工、泥工、钢筋工、水电工、焊工等。管理人员普遍认为，和其他建筑工地一样，其主要面对的安全问题是违规操作。

我认为比较多的问题是出于自己的不良的操作习惯，不遵守操作流程。如在有些情况下，甚至可以发现员工不佩戴护目镜直接进行简单的焊接操作的现象。

（ZJ 公司 A 安全员）

强化员工遵守的方式丰富多样，理论研究表明交易型的领导方式能够通过奖励遵守行为、惩罚违规行为来实现员工对安全规程的遵守。员工反映 ZJ 公司的安全管理政策极为严厉，明确规定违规操作的后果。为了强化遵守，甚至实行连带责任制，即相关的班组长和管理人员都会因员工的违规操作受到惩罚。

1. 凡进入施工现场，必须佩戴好安全帽，若不按规定佩戴，管理人员和班组长每人罚款伍拾元，工人每人罚款贰拾元。

2. 高空作业不按规定佩戴好安全带的，每人罚款伍拾元。

3. 违章乘坐井架吊笼上、下，乘坐者、开机者每人各罚款贰佰元。

（ZJ 公司制度章程）

为了加强管理，ZJ 公司配备了 6 名安全管理员，专门负责安全隐患排查和安全制度贯彻监督工作。然而，工程施工高峰期有近 600 名工人同时工作，监管难度较大，因而安全监管工作往往在更大程度上靠一线班组长来完成。然而班组长身兼“组员”（是班组的一个部分，需要为班组员工谋福利）

和“裁判”(惩罚违规员工)的双重角色,往往难以实现监督效果。

现在建筑行业的普遍状况都是班组长是由所在班组内有经验的员工担任,而很多班组员工基本都来自同一个地方,他们的私人关系往往较好,你认为他发现班组员工违规会怎么处理?告诉上级管理部门,那岂不是自打自脸?这其实是行业普遍存在的矛盾。

(ZJ 公司管理人员)

通过访谈分析来看,我们发现和一般的建筑企业类似,ZJ 公司的安全管理问题主要是安全建言机制存在问题,这一点与安全管理理论研究存在着较高的一致性(Choudhry & Fang, 2008)。

其实,我觉得安全管理更多的是靠广大的一线工人,毕竟依靠管理者这种自上而下的监管模式往往难以起到应有的作用。现在很多工艺和施工技术都在革新,我们也需要不断学习。而他们员工直接与工作任务打交道,更有可能及时发现工作中存在的问题。所以,我认为员工积极主动地为安全管理建言献策是维护工地安全最关键的部分。

(ZJ 公司管理人员)

(二)工地员工的安全建言

同时,研究表明,组织可以鼓励大家勇于汇报,倡导广大员工发现不安全行为或安全隐患及时汇报,进而提升安全可靠性,有效规避安全风险。ZJ 公司认识到这一点,并从正反两方面导入安全措施来鼓励员工多提安全意见。

具备下列条件之一者,公司给予 100～500 元的奖励(具体根据业绩,由公司安全部门提出方案,总经理批准)。

1. 在安全设施、安全技术措施等方面有创造、革新、重大改进及合理化建议,并取得有关部门认可的;

2. 在施工中及时消除重大事故隐患,防止和避免重大伤亡事故发生或在事故中抢救有功的。

(ZJ 公司安全生产文明施工奖罚制度)

安全管理部门要不定期检查一线员工有无隐瞒事故的行为,发生事故是否及时报告、认真调查、严肃处理,是否制定了防范措施,是否落实防范措施。

(ZJ 公司制度章程)

然而，我们发现上述制度往往很难发挥应有的作用。究其原因有以下几个方面 。一方面，从行业特征来看，建筑行业内同一个班组的员工往往来自同一个地方，甚至同一个村庄，他们本身可能就是亲戚或朋友关系，因而会碍于情面不愿向管理部门表达安全问题：

如果是我朋友违规，我可能会提醒他小心些，但是应该不会去提意见。毕竟可能会导致他受到惩罚，也会影响我们之间的关系。

（ZJ 公司 B 员工）

另一方面，从组织人际特征来看，安全隐患必定对应着相关的工作岗位，因而汇报安全隐患往往会带来消极的结果，这也就弱化了员工进行安全建言的动机：

一般的安全隐患，所在的工人都会自己解决的，你不认识人家，去向上级建议，可能会导致别人忌恨。再说，领导可能也会受到牵连，所以多一事还不如少一事。

（ZJ 公司 C 员工）

同时，从结果来看，如果提出一次意见之后，其意见没有得到领导的重视，员工安全建言的积极性就会受到打击，其后来的安全建言动机就会被大大削弱。

以前我提过相关的工作意见，领导当时觉得我说得很对，要根据我的意见好好改进。但是，后来就不了了之。所以以后我就不再提了，因为提了意见根本没用。再说，领导没有下文了，也说明他觉得这个意见没有啥意义。那还继续提意见不是浪费时间么？

（ZJ 公司 D 员工）

最后，从安全管理的价值观的贯彻上来看，领导作为安全建言最直接的接收者，其行为方式往往对个体的行为产生重要的影响。具体来说，如果领导对安全问题比较重视，鼓励大家积极参与工作安全问题的改进，员工就会具有较强的动机；相反，如果领导极力规避问题，强调安全惩罚，安全建言就会给同事带来较大的消极影响，因而可能弱化员工的建言动机。

我们班组长对安全还是很重视的，从他的惩罚力度上就可以看得出来。一次小小的违规或者做不到位的地方，轻者要受到他的批评，重则要被扣钱罚款。所以我自己比较小心，不敢出岔子。但是别人犯不犯错那最好不要去管，毕竟这个会给人家带来很大的影响，人家出不出错自有班组长去管。

（ZJ公司E员工）

在我看来，员工不提建议的原因可能在于，他们害怕被当事人报复，或者提意见本身可能占用自己的时间，所以事不关己高高挂起吧。但是反过来，如果我们给予奖金，鼓励什么事情都提意见或报告，可能会恶化工人之间的关系。你可能不知道的是，工人之间的关系有时候很难处理，近几年打群架的情况也不少见。其实，工人来源有几个主要的省份，不同省份之间如果出现矛盾，是非常重要的隐患，所以鼓励大家提意见也会面临两难困境。

（ZJ公司C安全管理员）

我们班组长对安全比较重视，也比较能看到我们的价值，所以大家都很乐意参与安全改进。至少对我来说，当我觉得安全管理存在不足的时候，我应该会向我们班组长提议，毕竟这也是他乐意看到的。

（ZJ公司E员工）

（三）工地安全问题的发现过程

我们访谈发现，并非员工不愿意发表意见，而更多的是他们根本不认为那些事件是安全隐患。不同个体，对同一种违规操作的评价可能存在较大的差异。即有些员工认为一次违规根本算不了什么，又没有造成安全事故。如果造成安全事故，受到惩罚理所当然；倘若没有造成消极后果，受到惩罚显得不合时宜。他们想当然地认为这些事件不属于安全隐患，没有必要去表达意见和担忧。

如果完全按照规定执行，有时候会让人很无所适从。比如，制度规定："作业时振动棒软管的弯曲半径不得小于500毫米，并不得多于两个弯，操作时应将振动棒垂直地沉入混凝土，不得用力硬插、斜推或让钢筋夹住棒头，也不得全部插入混凝土中，插入深度不应超过棒长的3/4，不宜触及钢筋、芯管及预埋件。"那你说弯曲半径怎么目测？是不是每次都需要测量一下？再比如不应超过3/4，人眼的目测往往没有那么精准。所以，一般在个人操作时，你凭着个人经验来处理就可以了。所以即使有些误差也很正常，也不能算是安全隐患。

（ZJ公司A员工）

比如，电气焊的弧火花点与氧气瓶、乙炔瓶、木料、油类等危险物品的距离必须不少于10米，与易爆物品的距离不少于20米。一般情况下也做不到那么精确，大致差不多就行了。再说人家一般都有多年工作经验，这么多年这么做都没出事。我觉得这样算不上什么安全隐患吧。

（ZJ公司B员工）

而有些员工认为，违规操作即使没有造成消极后果，也是对政策的一种触底。虽然当时没有造成任何消极结果，但是在一定条件下或多种条件耦合的情况下可能会带来严重的安全问题。

我认为，工作时还是要按照政策规定执行的，毕竟公司这么要求，这也是对我们自己负责。比如公司规定，作业中使用钉子时，不得将钉子含在嘴上，以防吞入肚内。作为员工，如果违规显然不对，在有些情况下很可能造成个人伤害，如在操作过程中不小心踩空导致钢钉吞入肚内，后果极为严重。

（ZJ公司C员工）

公司规定：电气焊的弧火花点必须与氧气瓶、乙炔瓶、木料、油类等危险物品的距离不少于10米，与易爆物品的距离不少于20米。我觉得你虽然不能目测精确到10米、20米，但总可以放到更远的地方吧。比如要求10米，你可以放在10多米的远处；要求20米，放到30米左右的远处。毕竟违规操作不是什么好事，极端情况下可能会发生爆炸，比如夏季施工时天气非常热，安全距离不够极有可能导致安全事故。

（ZJ公司D员工）

并且，当领导对安全非常重视时，强调奖惩两手抓，此时员工往往害怕由安全问题带来的诸如扣钱之类的惩罚，从而对安全问题保持了较高的警惕。

不像别的班组长，我们班组长对安全违规惩罚力度较大，比如安全绳绑得不规范，他都会过来教育一番。我们班组不止一次地出现员工因为安全违规而罚钱的情况，并且每次罚的都比较多，所以我对安全问题比较敏感，反正凡事都留一点余地，不能冒险想当然。

(ZJ 公司 F 员工)

与此同时，当领导对安全绩效的提升比较重视，强调让员工积极主动地去改变工作场所安全绩效时，员工往往对安全问题也比较重视，同样会做出较为保守的决策。

我们班组长对安全比较负责，对我们班组的员工都比较好，无论是工作上还是生活上，他都能给予关注。安全管理中也比较重视我们，所以我们作为员工也要主动去避免安全事故，为班组贡献一份力。

(ZJ 公司 E 员工)

和其他建筑公司一样，ZJ 公司的规章制度中明确规定违反某些既定的安全规章制度时，会受到何种处罚，但是对于那些潜在的安全隐患，由于数目繁多，往往难以进行明确的规定，而仅仅当“造成严重后果”时才进行处罚(这在一定程度上也就传达出这样一种信号：未造成事故就不能归为安全问题，因而也就无须惩罚)，这在一定程度上也为一些安全隐患的界定带来了难度。

1. 违反防火规定造成火灾，将按火灾造成的损失的50%进行处罚，直至追究法律责任。

2. 违章操作施工机械造成事故，将根据事故情节的轻重进行处罚，直至追究法律责任。

3. 施工现场因用电设施安装问题造成事故，将追究现场电工的责任。

4. 现场管理人员及班组长违章指挥，操作人员违章作业造成事故者，将按事故责任轻重进行处罚，所有经济责任由项目部承担，并对项目部及个人按照事故调查处理制度进行处理。情节严重者将依法追究其法律责任。

(ZJ 公司安全生产文明施工奖罚制度)

(四)工地中发现问题到表达意见的过程

为了提升员工的安全学习动机，维持工作场所安全，ZJ 公司规定班组长每天上下班前都要就工作环境向安全管理负责人汇报。在鼓励施工人员做好个人安全防护的同时，不断检查工作场所环境，发现不安全因素时要及时向管理部门报告。公司规定：

1. 班组长每天上下班前应检查一下生产环境，对不安全因素要及时向施工负责人汇报，并及时采取措施。

2. 每个施工人员应加强自我保护意识，上下班前检查一下自己工作的地方，对不安全因素，除了向班组长汇报外，应及时采取有效措施。

（ZJ 公司安全制度章程）

不仅如此，ZJ 公司还建立了安全汇报机制，即当员工发现问题时，可以直接报告班组长或者安全员，甚至直接向安全管理负责人提出意见或建议，但毋庸置疑的是其已经具备了初步的安全汇报制度，但是安全学习制度并不成熟，我们认为这或许与其行业特征有关。

其实，有些安全现象界定很模糊，不能简单地归为问题。比如公司规定：在架子上工作，工具和材料要放置妥当，不准随便乱扔，严格控制脚手架施工荷载。这个其实很主观，什么程度才算是放置妥当？脚手架的施工负荷怎么界定？既然不是问题，还有什么必要去提意见？这种事情你就去报告或提意见，那肯定会遭到人家的反驳，天天和别人打嘴仗，自己的工作就没法做了。

（ZJ 公司 E 员工）

公司强调我们要严格按照规章制度执行，当对工作安全有异议时要及时向上级提出，以免出现安全事故。有个别员工认为我们班组的员工往往只顾自己的工作，安全做得并不到位，自查往往容易麻痹大意。所以给班组长提建议让员工交叉互查，后来班组长觉得不错，就开了一次短会，让我们在进行高空作业时，相互检查确保环境安全之后再进行作业操作。

（ZJ 公司 C 员工）

我们虽然是属于总包，但是施工队往往由第三方劳务公司派遣，班组在施工结束之后便解散了。对于承建来说，最长的任务也就是主体建造了，大家在一起相处的时间其实比较短，安全学习效果并不明显。当然，我们公司还是强调大家对安全问题建言献策的，比如员工发现安全隐患或安全问题之后，直接汇报给直属上级或安全员，然后我们再进行评估，进而决定要不要举行安全会议进行学习以及进行多大规模的学习等。

（ZJ 公司 B 安全管理员）

二、XJ 抽水蓄能公司

(一)水电站对安全建言的态度

XJ 公司自投产以来,一直重视安全建设,由于其安全建设起步较早并且对安全管理特别重视,因而积累了丰富的安全管理经验。具体举措有:第一,进行专业化的分工,把安全管理的内容进行细分,从而更好地提升安全管理的专业化程度和针对性。具体来说,就是把公司员工分为"七大员",即安全员、技术员、培训员、宣传员、资料员、综合员、材料员,每一类员工负责其中一块内容。第二,制度上墙。如明确规定安全员的主要职责就是"负责班组安全管理,负责组织安全日活动、安全学习和安规考试;同培训员一起开展安全知识和技能相关的培训和竞赛;负责组织班组安全工器具、电动工器具及仪器仪表的校验工作"。第三,特别重要的是,公司一直把"安全学习"作为一项重要的安全管理任务来抓。班组规定:

1. 各单位班组安全日活动,班员均应参加,如有缺席应记录在案并注明缺席原因,缺席人员应及时补课;

2. 所有参加人员均应在活动记录上签字。每周五下班前,班组安全员负责将本周活动记录录入安监一体化平台;

3. 各单位班组年度全员安规考试合格率应达到 100%。

(XJ 公司的班组建设工作规范)

随着环境不确定性的加剧,安全防范内容错综复杂,安全学习能力对于高可靠性组织(high reliability organization,HRO)至关重要。为此,XJ 公司领导一直强调安全学习的重要性。

我认为我们公司的员工素质较高,多为来自国内的 985 院校的毕业生。但是,我们不能忽视安全管理的重要性:一方面,我们要注重安全管理制度建设,对员工违规行为要及时纠正,对员工的安全行为要不断给予奖励;另一方面,我们要加强安全学习系统建设,只有安全系统建设好,员工的工作才会更好,员工的工作压力才能更小,员工的工作感受才能越幸福。因此,我们积极鼓励员工在安全遵守的基础上积极创新,为公司不断提升建言献策。

(XJ 公司的高层领导)

基于这一工作思路，公司的安全汇报制度日趋完善。班前会和班后会定期召开，并逐渐形成日常惯例活动。在此基础上，XJ 公司还着力加强对当前安全建言制度的优化力度。员工在这一安全理念的感召下，为组织建言献策的意识不断增强。

继续保持与班组成员间的沟通交流，及时收集、总结班员提出的好建议，提高班员的参与度，加强班员对班组建设工作的理论认同、感情认同、行动认同，激发热情，凝聚力量，催生成果。

（XJ 公司班组建设工作目标）

作为公司的一员，我深切地感受到公司对于安全管理的重视。公司提倡我们时刻牢记"五个一"工程（讲好一堂课、整理一本好台账、带出一个好徒弟、提出一个好建议，写出一篇好论文），为安全管理贡献一份力。

（XJ 公司 A 员工）

我们一直强调领导是员工的榜样，领导对安全管理的态度往往决定着员工的选择。当一线领导积极倡导安全管理时，员工的关注点也就关注在安全上，也就会积极地为我们水电站的安全建设多尽一份心；如果一线领导重视自己的责任，积极地对待安全管理工作，员工也自然就会重视自己的责任，也只有全员都尽职尽责，才能维护和提升我们水电站的安全。

（XJ 公司的高层领导）

（二）水电站员工的安全建言

XJ 公司为了实现安全管理水平的提升，从几个方面进行了思考。首先，通过领导宣贯，通过强化个人的工作使命感，牢记"安全重于一切"的责任意识。

我们公司一直强调安全。毕竟作为我们这种公司，不出安全问题则好，一旦出现安全问题就是大问题。我也和你们介绍过，整个输送水管道遍布山体，高油压、水压、气压一旦出现问题，必然是人命关天的大事。所以我们工作压力还是蛮大的，一旦遇到安全问题肯定要向上级提出，毕竟这个影响太大了，我们个人甚至整个公司都难以承担隐瞒不报的后果。

（XJ 公司安全管理员）

其次，XJ 公司积极开展各种安全相关的拓展活动，构建和谐的安全管理工作氛围，在减轻员工工作压力的同时也增进了员工之间的信任关系。

我觉得我们是一个大家庭，我刚进入团队时，由于来自外省而要在山里面工作，内心承受了很大的压力。团队其他同事为了缓解我的工作压力，定期举行户外登山、羽毛球公开赛等互动活动，让我体会到了家庭的温暖。为了帮助团队，我应该积极建言献策，为团队的发展贡献自己的一份力量。

（XJ 公司 B 员工）

其次，XJ 公司在长期的安全管理实践中，总结出了一条人性化的管理理念，强调员工和领导在工作意见上的平等。这种亲民的领导方式和待人方式也为员工建言献策起到了较为有力的助推作用。

我觉得我们的领导都没有架子，不信你看他们的办公室门都是敞开的，会议时没有领导专席。这一点给我们的感受就是，领导和员工都是平等的，我个人的心理负担也消除了。

（XJ 公司 C 员工）

同时，XJ 公司强调员工参与，即“讲好一堂专业课”活动。通过让员工积极表现，使员工体会到主人翁精神。他们感受到自己就是公司的主人，从而更加积极主动地向管理部门表达安全问题。

让我印象最深的是，我们公司实行的“班组大讲堂”和“新人讲课”活动。这种新员工展示自我的机会，让我认识到了公司和班组不是那些老员工的，也是我们新员工自己的。这就好像是说，你不是为他们而工作，而是为自己工作。既然是为自己工作，那有什么理由不全力以赴呢？

（XJ 公司 D 员工）

最后，XJ 公司专门成立了一个刊物编辑部，通过出版刊物的形式展示本公司的优秀员工和劳动模范。当然成为劳动模范对于新员工来说往往比较困难，为提高新员工的积极性，XJ 公司施行了“流动红旗”制度，鼓励大家为组织的安全管理建言献策，相互学习，争创一流。

看到那些资历非常丰富的老员工成为劳动模范，我非常敬佩。作为老员工，他们那么大年龄尚且还在一丝不苟地工作，我们作为年轻员工，有什么理由不为组织积极奉献呢？

（XJ 公司 E 员工）

(三)水电站员工的问题发现

为了增强员工的安全意识,避免工作中麻痹大意,防止想当然地做出冒险的决策,公司推行了一系列措施。如强化安全意识,即当出现安全异常事件时,鼓励大家多方面考虑其可能导致的后果,不能凭个人直觉。所以对于安全事件,员工普遍采用保守决策。

一方面,我们公司的性质决定了我们必须实行保守决策,当出现和我们以往工作不一致的异常事件时,我们一般都是查清原因绝不放过;另一方面,我们公司明确规定,一旦出现违章行为会自上而下开展审查,制度非常严格,我们也不会去触及。

(XJ 公司 F 员工)

如上文所述,通过开展各种破冰活动以及构建安全氛围的团队活动,个体的主人翁意识得到了空前提高。当员工具有高度的责任感时,就会表现出高度的责任心去对待安全管理工作。

我们的考核是按照团队进行的,如果我这块出了问题而导致我所在的整个班组考核绩点下降,会让我觉得对不住大家;再说,作为班组的一员,同事们都对工作一丝不苟,我怎么能对工作马马虎虎呢?所以,一旦发现汽轮机运转出现问题,我首先会查明原因,看看究竟是设备问题还是其他环节操作出现问题,然后分类向管理部门表达自己的看法。

(XJ 公司 G 员工)

并且,一线领导通过人性化的措施、人性化的关怀以及安全理念的灌输,让员工的安全管理的动机得到了激发,从而表现出了较高的工作责任感。

我觉得工作安全非常重要,我们班长对我那么好,我总不能马马虎虎地对待工作吧,给他捅娄子,我会觉得对不起他。领导对我们那么好,我们也要好好工作,履行好自己的本分。

(XJ 公司 D 员工)

(四)水电站中发现的问题和表达问题的过程

XJ 公司在班组的安全建设中充分认识到,班组成员作为安全管理最直接的执行者,是安全管理工作开展的主阵地和企业发展的排头兵。因此充分发挥一线班组建设人员的积极性,是保证完成安全任务和提高安全生产的关键。为了激发广大员工建言献策的动机,公司首先架构了安全学习流程制度,并对员工建议进行了细分。

第一类:合理化建议。各单位班组应组织班员围绕企业改革发展、安全生产、经营管理、优质服务、降本增效等方面开展建言献策,提报合理化建议。

第二类:技术攻关与 QC 活动。1.各单位班组应成立以骨干人员为组长的技术攻关小组和 QC 小组,把消除设备设施缺陷隐患,解决安全生产薄弱环节以及提高工作效率、生产经营效益作为活动重点。2.各单位班组应将技术攻关与 QC 活动有机结合,做好 QC 成果的总结、上报以及发布等工作。

第三类:职工技术创新。1.积极组织开展"五小"(小发明、小革新、小改造、小设计、小建议)活动。2.各单位班组应把"五小"活动成果、职工技术创新成果和专利申报相结合,开展申报活动。3.把班组取得的职工技术创新成果、获得的授权专利进行集中展示,以进一步激发班组的创新热情。

(XJ 公司班组创新建设规定)

在多项措施的贯彻下,XJ 公司员工的安全意识得到了加强,对安全问题保持较高的警惕性,当发现工作场所存在的安全问题时,也会积极地向管理部门提出意见和建议。

我们公司从高层到基层的领导对员工都比较好,比如"领导打开门""领导—员工定期沟通""不设领导专座"等制度都让我们感受到了领导对我们员工的重视。并且,他们都特别强调安全工作,那我们作为基层员工更应当对安全问题时刻保持警惕,积极地去探索工作场所存在的安全问题,并针对安全问题向管理部门提出意见和建议,从而保证水电站的安全。

(XJ 公司安全管理员)

在政策的鼓励下,在领导和同事的支持下,XJ 公司安全建言过程相关的制度保障不断完善,员工对于安全流程具有较为清晰的认识,并能为 XJ 公司的安全管理工作优化提供丰富的意见和建议。首先,他们对具体的异常事件进行评估，然后确定事件性质，而后表达给安全管理部门。公司的文本记录(被公司认定为非常有代表性的安全建言，会在建言后形成一个纸质的文本以作为安全建言的案例文本)对此提供了很好的印证。

事件一：××设备漏水事件

1. 事件现象及后果

××机组××级检修隔离操作××设备投入后，检修密封排水管有水漏出，我认为以此趋势发展，漏水可能会进一步加大，导致排水管来不及排水，大量水溢出，极有可能影响到检修密封的正常投退，导致机组不能正常开机，甚至造成球阀本体的损坏。所以及时向上级建议赶紧采取相关措施，以免出现意外事件。

2. 原因分析

检修××设备原理：排水管与××设备排水孔相连接，通过检修操作××设备内部的小滑块上下滑动来实现检修的投退切换和排水。××设备处于密封状态时，检修××设备排的是检修密封退出腔的水，而在退出状态时，检修××设备排的是投入腔的水。

3. 解决对策

分析认为：××设备漏水有两种情况：一是检修××设备存在内漏情况；二是检修××设备盘根损坏。因而建议根据上述两种情况分别进行检查。

事件二：关于××设备压力开关异常导致机组抽水调相启动失败事件

1. 事件现象

××日××16:47，××设备启动过程中，电气轴已建立，顺控执行到第六步，磁场开关未投入，出现××故障跳闸，××设备抽水调相启动失败，监盘出现报警。

××16:47，××号××设备故障；SFC1 EQUIPMENT FAULT

(FROM SFC)

××16:47,××号××紧急停:SFC1 EST ORDER (FROM SFC)

××16:50,U3 T FROM SEL, SFC/OTHER UNITBTB

××17:15,3LCU MFP-PAIR/SCP SEQ FALL

场地检查××号××设备,报警代码为 122; FAULT excitation (励磁故障)。

2. 可能后果分析

现地检查××号机励磁系统,励磁控制盘出现报警:EXTERNAL TRIP(外部跳闸),导致××设备调相启动失败,若不及时上报处理,可能会出现非常严重的后果。于是,立刻向上级表达相关担忧并及时进行干预,解决了问题。

3. 原因追溯

从故障发生时的报警信息来分析,首先处置人员初步判断的××设备内部故障导致机组××设备启动流程中断而跳机,oncall 人员到现场查看××设备内部故障代码后进行如下动作机理处理。

××设备磁系统配合的逻辑分析:根据××出现报警代码 122: FAULT excitation(励磁故障),查找××设备及励磁相关逻辑,可知,XX 设备向监控发出 EXCITATION ON CON FROM SFC (GA02-K466),监控收到后,向励磁调节器发出投入励磁命令,励磁系统走开启流程,合上磁场开关,磁场开关合上后向监控发出励磁工作状态信号(对应顺控第七步 EXC OPERATION),监控向××设备发出励磁准备信号,对应顺控第八步:SFC1/2 EXCITATION READY (to GA02-K422),直到问题解除。

三、C 核电站

(一)核电站对安全建言的态度

鉴于核电安全管理的具体特征,YW 核电站多年来秉承“安全第一,预防为主”的安全管理理念,在严格执行安全规章制度的基础上,聚焦于安全的持续学习和改进。而作为团队的安全学习的基本单元，个体针对工作问题建言献策就显得至关重要，为此集团公司的核安全政策明文规定：

要积极有效地开展经验反馈、自我评估和同行评估工作，创建学习型组织；营造“融合、坦诚、开放”的工作氛围，鼓励员工报告影响安全的任何问题。

(YW 公司核安全政策)

在集团公司安全政策的指引下，YW 公司一直把“防人因”作为安全管理工作的中心。

核电技术日新月异，一味地遵守现有的安全规程而不思进取，可能难以应对潜在的安全问题。所以，我们对员工积极主动的建言献策、持续不断地学习的能力特别关注，想尽一切办法消除员工的心理顾虑，实现组织内开诚布公的交流。

(YW 公司高层领导)

同时，YW 公司一方面严格贯彻安全管理制度，大力把操作制度(工作职责内的安全操作规定)、接口制度(与他人工作衔接上的安全规程)、责任制度和奖惩制度落到实处；另一方面鼓励员工要有质疑的态度，在安全问题上，要敢于挑战权威，针对具体安全问题建言自己的看法。如 YW 公司在“防人因”培训教材上明确指出：

员工要时刻保持质疑的工作态度。质疑的态度是一种组织和个人的思维方式，其目的在于帮助工作人员对所执行的任务或所做的决策进行彻底的理解和建立足够的信心。它包括两部分：“疑”，对工作任务或决策涉及的各个方面找出可能的疑问或不确定因素；“质”，对于疑问和不确定因素，通过各种手段进行核实和澄清，并最终得到明确的结论。

(YW 公司“防人因”失误工作培训教材)

基于建言献策的重要性，YW 公司在安全管理实践中积累了很多有效的安全管理经验。为了提升员工的建言献策水平，YW 公司经过多年的努力，逐渐开发并不断完善其安全汇报和学习制度，并将这些制度逐渐内化为员工的安全管理意识的一部分。

我们公司安全学习平台运行多年了，有几种不同的形式。一个是“训练模拟机项目”，即新人进来之后，都会参加模拟训练。通过给出的不同场景，让个人针对具体的问题做出决策，并进行严格的考核；另一种形式是“安全学习会活动”，即定期召集相关员工，进行安全知识分享，特别是让老员工分享一些常见的安全问题处理方法，这个对我们新员工的应对能力的提升很有效。

（YW 公司 A 员工）

我认为我们公司的工前会和工后会对于安全学习特别重要，因为工前会会对很多的情境进行假设和思考，可以模拟多种情境；另一种是工后会，可以就工作结果和工作过程进行再反思。

（YW 公司 A 管理人员）

（二）核电站员工的问题发现

YW 公司一直强调，作为中国核电事业的一部分，必须肩负历史责任和使命。在安全管理工作中，必须坚持“安全第一，提升效益”的基本思路，对安全问题做出保守决策。为达到上述核安全管理目标，公司郑重承诺：

秉承“安全至上，追求卓越”的安全理念，持续提升所运营核电厂的安全业绩；自觉使用防人因失误工具，培育良好的团队协作精神和主人翁意识。

（YW 公司安全政策）

在“保守决策”的精神指导下，YW 公司在安全管理实践中一直强调要对安全事件存有质疑精神，不放过任何一处异常。基于核电安全事故分类的标准（分为七级，具体包括异常、事件、重大事件、无场外风险事故、场外风险事故、重大事故、特大事故），要求员工即使面对安全异常（超出日常范围的异常情况，可能涉及安全的非常微小的问题），不能想当然地对待。如 YW 公司防人因失误工作培训教材明确指出：

倡导考虑“最坏的情况”，从而避免由“侥幸心理”而导致的失误。比如，人们在开车经过岔路口时，即使看到减速信息，也不愿意相信刚好在这时会有人从路口穿出。

提倡人们用直接的事实证据代替假设和想象，避免由“先入为主”而导致的失误。比如，在某个房间实施焊接工作时，出项消防系统烟雾探测器报警，人们倾向于相信是焊接烟雾导致，而非到现场核实火情。

（YW 公司“防人因”失误工作培训教材）

在安全精神和安全政策的要求下，员工应对预防安全事故的压力普遍较大。但是由于核电安全事关国计民生，所以员工对安全问题非常重视。

比如电源跳闸导致设备泵停了，虽然没有造成什么损失，但是我认为这个可能会导致小的安全事故，毕竟电源跳闸的原因存在多种可能性。所以，我发现后没有想当然地直接推上电源闸刀，而是及时向班长表达安全担忧，让相关人员最好来确认一下。

（YW 公司员工）

1. 案例事件经过

××年××月，某机组按照计划要求，5314-BUB 母线大修后恢复送电。运行方式为 UST 供电 BUB 母线。

19:00，开始执行 98－53140－OM－001《11.6KV 系统运行手册》第 4.1.4 节“11.6KV 母线 BUB 由 UST 送电”操作。

19:10，在执行规程第 15 步“确认 MCR PL18 盘台 50546-HS-4001 切换开关在‘OFF’位置”时，由于此步已在规程审查时被审查的操纵员取消，没有被执行。

19:20，执行将 5314-BUB/11 放置热备用的操作。当将断路器摇到热备用位置时，5314-BUB/11 自动合闸。

19:21 开关合闸后立即停止操作，并汇报主控，在主控断开 5314-BUB/11，就地置于冷备用状态，并立刻联系继保人员确认开关自动合闸的原因。

22:00 接主控命令重新恢复送电。

22:45 完成 5314-BUB 母线的送电操作。

2. 事件发生原因

第一，未能严格遵守程序，偏离规程的修改未经值长批准。负责审查规程的操纵员根据自己对当前系统状态的理解，修改了规程，取消了操作规程第 4.1.4 节“11.6KV 母线 BUB 由 UST 送电”中的第 15 步：将主控室 PL18 盘台 5-546-HS4001 切换开关从“AUTO”改为“OFF”。偏离规程的修改，没有得到当班值长的签字批准，修改后的规程被下令执行。

第二，缺乏质疑的态度。修改规程的操作员的电气专业知识较丰富，对快切逻辑也很熟悉，因此在场的其他运行人员认为其是电气专业的专家，对其行为没有提出质疑。

（YW公司“防人因”事件案例培训教材）

除了强化安全责任意识，YW公司还积极构建良好的安全氛围。如公司鼓励各个子单位举行多样化的安全相关的素质拓展活动和团队型体育竞技活动，强化员工的团队精神和主人翁意识。

为了提升员工的主人翁意识和团队合作精神，我们处室积极召集员工参加了多种团队型赛事活动并取得了较好的成绩。如在劳动竞赛评比中，全票当选“优胜集体”；在中核集团“防人因竞赛”中，获得知识竞赛冠军等。

（YW公司某处管理人员）

我们处室的安全氛围很好，主要表现在两个方面。一方面，我们处室对于安全宣传的力度较大，安全标语随处可见；另一方面，在值长的领导下，我们处室特别重视安全问题，时刻保持对安全隐患零容忍的态度。作为一个小的集体，我们对安全问题都很上心，绝不能出现因工作失误而造成安全事故的情况。

（YW公司C员工）

（三）核电站员工对安全建言的态度

YW公司自投产以来，始终重视培养员工的安全责任意识。为此，公司在员工的始业教育中就强调作为一名核电站工作者的历史责任和光荣使命。在这一组织的社会化活动过程中，员工普遍体验到了一名核电工作者的重大安全责任。

你们也知道，核电站的安全一直是人民群众关注的大事，我们作为员工也深切地感受到了这一点。作为一项事关国计民生的事业，总要有人去从事，我们的主要任务就是保障安全。所以，对待安全问题，我们都会及时向上级表达担忧而不会隐藏问题。

（YW公司D员工）

YW公司在多年的安全管理实践中发现，员工安全建言受阻的原因主要有以下几个方面：

迷信权威，不敢质疑；从众心理，不想质疑；对于别人提出的疑问，不屑一顾，打击质疑者；采取对人不对事的态度；用自己的假设来当作解决问题的依据。

（YW 公司“防人因”事件案例培训教材）

为此，YW 公司对员工的建言献策进行了深入分析，公司发现传统的安全管理强调对安全行为变异的惩罚而强化安全执行和制度贯彻，从而规避安全事件；但是与此同时，不容忽视的是员工可能害怕惩罚、处分以及使整个团队蒙羞等因素导致员工发现安全问题而不敢表达问题。基于此，YW 公司不断尝试，探索出了通过积极汇报奖励的制度激发员工的安全建言动机。

我们公司导入了一项措施，即如果员工提出了安全建议，经过系统评估之后，会给予其团队以多种形式的奖励。因而，这在一定程度上激发了大家提意见的积极性。

（YW 公司某处管理人员）

与此同时，YW 公司发现由于核电安全的重要性，员工普遍对安全隐患保持较低的安全容忍度。但是，由于大多数员工会竭力杜绝工作中的失误，一个潜在的危害是员工在工作过程中出现任何小的偏差而不愿暴露。为此，YW 公司在安全管理中树立并贯彻了“预防安全隐患零容忍，处理安全表达高包容”的管理理念来消除员工顾虑。

其实，我们公司的很多处理方式还是比较人性化的。比如，在安全维护和安全隐患排除方面强调零容忍，但是一旦出了事情会根据事件的原因进行分类处理。如果是个人态度问题，可能会给予转岗；如果是技能不足，就会建议员工参与培训；如果是个人处理的心态问题，可能会给予更多的鼓励和支持，杜绝相关事件的再发生。整体上来说，并不是一味地惩罚，所以当我发现了安全隐患，我也敢于提出自己的看法，即使暴露了自己的不足。

（YW 公司 E 员工）

除此之外，为了激发大家向组织表达问题的动机。YW 公司特别重视领导和员工关系的建立和维护，多年来形成的亮点工程是“领导谈心制度”，即通过领导和员工面对面的谈心拉近了员工与领导之间的距离；同时，在规章制度允许的范围内，组织员工家庭成员到组织内部进行参观，在加深员工家属对员工工作理解的同时，培养员工的归属感。

我们公司倡导的“领导谈心制度”让我记忆犹新。这种制度的实施让我感受到了我们领导和我们公司对我们员工的关心和支持。作为员工，我们当然应该好好表现。

（YW 公司 F 员工）

我记忆最深的是“家属参观”活动。因为我们工作经常加班、倒班，工作压力较大，但是这个活动让我的家属对我的工作内容有了很多了解，也给予了我很多的理解。我觉得这个活动特别人性化，所以我和家属经常感慨公司对我们的人性化关爱。

（YW 公司 G 员工）

（四）核电站的问题识别和安全建言的过程

YW 公司一直注重安全建言过程相关的制度建设，多年以来建立起了成熟的安全建言体系。如 YW 公司生产运行调度管理明确规定：

公司所有员工，特别是岗位值班运行人员，在发现与电站运行相关的异常或故障时，应立即向主控室提出。现场工作人员仅在遇到危及人身安全的紧急事故时，可以果断采取措施，并向主控室报告。

当发生以下情况时，值长应及时向运行处长汇报，运行处长酌情向上级汇报：①在运行中遇到按规程无法直接处理的疑难问题；②机组因各种原因需降运行模式或降功率；③核安全相关参数出现偏离情况时，当预计到核安全相关参数在技术规格书规定的时间内不可能恢复正常时，运行处长应通报核安全处；④当异常运行工况导致机组出力变化，值长应尽快向电网调度汇报。

（YW 公司生产运行调度管理规定）

通过发挥领导的作用，YW 公司的员工对问题识别和安全建言都表现出较强的动机：

我们公司领导对员工比较人性化，无论是从工作还是从生活，都给予了我们以很多的关心。所以，作为核电站的一员，我总是集中精力地去察觉和思考工作中存在的问题，并针对问题向领导提出自己的看法和意见。

（YW 公司 F 员工）

在规定的贯彻执行过程中，员工发现安全异常或安全问题可以随时通过安全建言程序进行表达。

当我们发现安全事件时，首先会看它属于安全偏差还是安全异常。对于安全偏差，我们会根据经验自行解决。对于安全异常，我们会及时把这种现象告诉领导。如果这种现象很有意义，我们会向SRO（资深经验反馈工程师）提出相关意见，从而进行全厂学习。

（YW公司D员工）

如果我们发现某项程序或操作存在优化可能，我们会上报至单位的经验反馈部进行反馈，然后上级会根据问题究其原因进行评定。然后决定进行多大规模的学习。

（YW公司H员工）

为了发挥员工建言献策的作用，YW公司在安全员工提出意见或看法之后会对有价值的意见和看法进行文本归纳，然后放到经验案例学习库，以实现安全学习的目的。为了更为形象地描述问题识别到安全建言这一逻辑链条，我们接着展示YW公司的安全建言（基于该建言的典型性，在员工建言结束后，经过回忆形成案例文本，从而激发其他员工的学习）的经典案例。

事件一：××设备频繁补水事件

1. 事件过程

我发现××机组投入商运以来，××设备频繁补水（补水间隔为18h），且表面反复出现硼结晶。经过分析，我认为可能是由于以下原因：安全注入系统的××设备的房间内外存在气压差，而溢流管的进出口两端分别在房间内外；房间外的新空气以溢流管为通道，以气压差为驱动力，连续地输送到××设备内，然后通过罐体的呼吸弯管排出；上述气流大幅促进了××设备内的对流，对罐内气相空间的水蒸气不断地导入至房间并由××系统排出；同时，排出的部分水蒸气在房间遇冷凝结，附着在罐壁及保温层上形成硼结晶。

2. 潜在后果

如果不能及时处理，可能会导致××设备频繁补水，增加了由补水而导致液位异常浓硼回路隔离的风险；同时，可能会导致××设备温度较高，频繁补水增加人员烫伤风险；另外，携带硼酸的蒸汽不断溢出，逐渐降低了××设备及整个浓硼回路的硼浓度；最后，由于××设备补水后需要进行取样分析，每次取样时均会带来硼酸的损失。于是我及时向管理部门表达了对这一安全现象的担忧。

3. 原因追溯

根据系统的分析，进行两项实验。首先，开启××设备房间门，破坏房间内外气压差；然后封堵溢流管线，阻断气体流道。试验执行结果显示蒸汽不再从呼吸管道溢出，××设备能维持稳定，补水频率大幅下降。正如我预想的这样，以上两项措施的实施导致××设备稳定快速上升，接近技术规范所要求的限值(××摄氏度)。为了解决温度上升问题，我们后来拆除了××设备上半筒体的保温层，并增大了××设备房间排风阀的开度。目前××设备稳定，补水频率下降至正常水平。

4. 事件评价

运工对缺陷容忍程度低，能对长期存在的不合理现象展开分析。及时向管理部门表达这一问题，并和后续相关人员共同制定周全的解决方案，成功解决了现存问题。这一问题的提出和解决大大降低了运行和化学分析人员的工作强度，降低了因反复操作而出现人因失误的风险，规避了××设备频繁补水而带来的风险。

事件二:安全操作参数修改事件

1. 事件过程

××月××日，运行人员在翻看定值手册时发现××低液位定值与现场实际值不一致(定值手册为××米，现场实际设置值为××米)。按照“××定值管理”程序，仪控人员将定值修改到定值手册要求的××米。

2. 潜在后果

运行工程师认为××设备液位过低可能存在罐体进气和××设备入口压力低等风险。并且，其发现低液位跳泵定值修改至××米后，×

×设备排水时空气从顶部呼吸弯管进入罐体内，造成浮顶集气倾斜，密封胶皮鼓包。当液位降低至××米左右时，密封胶皮堵塞××设备吸入管线的管口，造成泵的入口压力低，频繁跳泵和自启动，可能造成泵气蚀和电机损坏的严重后果，并带来较大的安全风险，于是该运行人员及时向上级表达了这一担忧。

3. 事件评价

运行人员保守决策，能准确地识别风险。其工作态度严谨，敢于质疑，并且积极制定合理的方案加以验证。

四、案例分析：剖析案例的具体阶段特征

我们选择的三个组织虽然在正式化程度、从事的业务内容以及安全管理的对象方面存在着较大差别，但是安全建言具有一定的共通性。为了充分挖掘三个安全组织中的安全问题识别和安全建言的共同特征，我们从两个层面进行分析。第一，在安全管理情境中，基于过程的视角，通过案例比较的形式探讨从问题识别到安全建言的逻辑链条。其中安全问题识别即发现安全隐患，其主要内容是从观察事件本身开始，通过个体的判断为所观察的事件定性(Dillon et al.，2013)；安全建言即在安全现象定性的基础上，把意见和建议表达给管理部门(Burris et al.，2008)。从这一层面来看，上述三个案例具有高度的一致性。第二，基于从安全问题识别到安全建言这一逻辑链，抽象出不同阶段的特征。尽管不同的案例呈现出不同的差异，但是核心要素(从问题识别到安全建言)都表现出较高的一致性，而差异仅在于组织存在时间的不同而导致的问题识别和安全建言水平的高低以及从问题识别到安全建言的逻辑链条的畅通程度不同。然后，基于不同的案例个体所表现出来的态度、认知、行为关键词，结合以往的理论研究对于问题识别和安全建言的特征描述，我们将对上述三个案例特征进行分解和对比，从而深入挖掘安全问题识别和安全建言的不同特征。

ZJ 建筑公司

ZJ 公司是房地产承建企业，公司与工人没有直接的雇佣关系，而是由第

三方劳务公司提供。虽然工人和建筑企业之间没有直接的隶属关系，而班组之间的关系则往往较为持久(工程结束之后，很多班组可能面临的结果是所有班组员工直接从事下一个工作项目)；并且由于班组员工往往来自同一个地区甚至村庄，因而他们的非正式关系较为紧密。因而在一定程度上来说，领导与员工之间的关系更多地表现为班组长与班组成员之间的关系，而员工与建筑公司的关系相对较远。

(1)安全管理的正规化程度相对较低，安全建言相关制度建设相对更为原始。主要表现在三个方面。

首先，安全建言的管理思路还比较模糊，更多的是采用事后管理的模式。如公司规定："1.违反防火规定造成火灾，将按火灾造成的损失的50%进行处罚，直至追究法律责任。2.违章操作施工机械造成事故，将根据事故情节的轻重进行处罚，直至追究法律责任。3.施工现场因用电设施安装问题造成事故，将追究现场电工的责任。4.现场管理人员及班组长违章指挥，操作人员违章作业造成事故者，将按事故责任轻重进行处罚，所有经济责任由项目部承担，并对项目部及个人按照事故调查处理制度进行处理。情节严重者将依法追究其法律责任"(公司安全生产文明施工奖罚制度)。理论和实践表明安全建言的思路更多的是提倡员工去主动察觉安全事件并思考、判断安全事件的性质，进而为公司提供相关的建议，本质上属于前馈控制，而ZJ公司现有的安全建言制度在一定意义上来说属于反馈控制的范畴。

其次，安全建言过程制度相对较为粗糙，仅聚焦于员工安全建言献策对安全事故防范的重要意义。虽然公司对员工建言的奖励有规定，如公司规定"具备下列条件之一者，公司给予100～500元的奖励(具体根据业绩，由公司安全部门提出方案，总经理批准)。1.在安全设施、安全技术措施等方面有创造、革新、重大改进及合理化建议，并取得有关部门认可的；2.在施工中及时消除重大事故隐患，防止和避免重大伤亡事故的发生或事故中抢救有功的"。但是，这一政策往往会给员工带来不同的感知。一是"具体根据业绩……"，这种核定往往较为主观、烦琐；二是对于第一条明确规定取得重大改进及合理化建议，有关部门认可之后可以给予奖励，然而对于第二条"……防止和避免重大伤亡事故的发生……"却比较模糊。不难看出，前者更多的是关注“生产绩效”，而后者更多的是与“安全绩效”的提升有关，往往较难以量化。所以这往往会造成员工“生产优先”的误解。

最后，安全建言相关机制还处于较为初级的阶段，相关的体系还没有完全建立。如ZJ公司强调当员工发现安全隐患时，可以直接报告给班组长、安全员甚至安全负责人，然而安全隐患可以分为多种，究竟哪种应该向班组长提，哪类应报告安全员或负责人，规定并不明确。这种不加区分的建言制度，往往会导致管理者无所适从，安全建言效率较低。

（2）工人风险感知的个体差异较大，发现问题水平不同。访谈中可以看出，很多员工对于公司的安全操作制度存在质疑，当发现安全行为变异时（员工没有按照规定操作），一些员工会把原因归为制度问题（如“作业时振动棒软管的弯曲半径不得小于500毫米，并不得多于两个弯，操作时应将振动棒垂直地沉入混凝土，不得用力硬插、斜推或让钢筋夹住棒头，也不得全部插入混凝土中，插入深度不应超过棒长的3/4，不宜触及钢筋、芯管及预埋件……人眼的目测往往没有那么精准”），因而其往往难以识别出安全隐患（不会把类似的安全行为变异问题归结为安全隐患）；而另外一些员工则对安全事件较为敏感，能把安全行为变异归结为安全隐患。

（3）班组长的行为方式不同，员工发现问题及安全建言的动机呈现差异。通过访谈可以发现，当员工感知到自己的班组长比较关注安全管理实践时，他们都能够对安全问题保持较高的警惕。具体来说，当班组长比较关注员工的个体利益，能够为他们提供人性化的关怀、认可并突出员工对于安全管理的价值和作用时，员工具有较高的责任感和主动性，会积极主动地付出更多的工作努力，对工地安全时刻保持高度警惕和较低的问题容忍度，进而发现更多的安全问题；当班组长比较关注自我利益是否受到损害，时刻对安全问题保持高度的敏感，强调通过导入较为严厉的管理措施惩罚不安全行为和具有安全问题的员工时，员工为了避免安全惩罚，被动地付出较多的工作努力，对安全问题保持较低的容忍度，进而发现较多的安全隐患。

然而，虽然上述两种不同的班组长的做事方式都能够让员工保持时刻警惕和较低的容忍度，加强员工对安全隐患的识别水平，然而对安全建言却有不同的影响。具体来说，员工反映当他们感知到领导给他们提供了多元化的支持和关心，比较重视他们的价值，鼓励他们积极参与安全工作改进时，他们具有更高的责任感和主动性，从而积极地向领导表达自我对于工作安全问题的相关看法和建议；然而，当员工感知到领导对安全问题非常敏感，并通过严厉的惩罚措施而促使员工保持较低的安全问题容忍度时，他们虽然对工作安全问题具有一定的意见，但害怕由于向领导提意见而给自己带来较消极的结果，如领导不喜欢、员工忌恨等，往往对安全问题闭口不言，甚至掩盖安全问题。

(4)员工心理负担过大，问题识别和安全建言严重割裂。访谈中我们发现一部分员工对安全问题比较敏感，能够识别安全问题；但同时发现部分员工忌惮于人际关系的破坏而对安全问题闭口不言。主要原因表现在以下几个方面：首先，由于公司制度的规定，建言可能会使班组受到一定的拖累(如公司规定发现安全问题，相应岗位的员工会受到一定的惩罚)，因而员工往往不愿向安全管理部门表达安全意见和建议。其次，基于员工的构成特征，员工之间的关系相对更近，所以员工选择是否建言往往并不是出于其意见是否对组织有利，而是是否对自己有害。因而，由于上述因素的存在，安全隐患即使被识别出来，员工也没有动机把相关建议表达给当局，即造成了问题识别和安全建言的逻辑链条的割裂。

我们对上述流程环节的主要行为活动内容和关键词进行了总结，发现ZJ公司的建言过程主要分为以下几个环节，具体如表10.1所示。

表10.1 ZJ建筑公司员工“问题识别—安全建言”过程分析

流程环节	主要内容	匹配关键词	特征释义
问题识别	严重的；危险的；正常(反)	风险性(risk)	行为或现象不加以制止带来的事件的严重性估计
	显然不对；不是什么好事；爆炸；出问题；不是安全隐患(反)；算不上隐患(反)	消极性(negative)	行为或现象是消极结果
	有些情况下；极有可能	可能性(possibility)	行为或现象不加以制止导致将来事件的因果概率估计

续表

流程环节	主要内容	匹配关键词	特征释义
安全建言	我认为应该；积极主动	主动导向（initiative）	行为是个体主动的
	为了班组	建设导向（constructive）	行为对组织或团队具有建设性的作用
	自打自脸；惩罚；牵连；多一事；打嘴仗；反驳；工作没法做；恶化关系	风险导向（risk）	行为可能会给自己带来消极结果

XJ 抽水蓄能电站

在多年安全管理经验积累的基础上，XJ 公司建立了一套涵盖安全问题识别、安全建言、安全经验总结、安全分享等过程的安全学习机制，且取得了较好的成效。具体表现在几个方面。

（1）发现问题和安全建言制度成熟完善。由于环境不确定性的加剧，学习能力对于公司安全管理不可或缺。而安全管理理论研究和实践表明安全建言一直是安全学习中的重要一环，因而 XJ 公司特别重视员工安全建言过程的相关制度的建设，在正反两个方面措施的干预下，员工参与学习逐渐成为一种习惯，并内化为工作任务本身的一部分。我们在访谈中看到，作为安全建言过程建设的一个亮点，“五个一”工程已经成为 XJ 公司安全管理工作的一个工作亮点，得到了多家兄弟单位的高度认可。

（2）责任意识较强，员工发现问题的主动性较高。在“规范管理，制度先行”的基础上，XJ 公司认为接下来关注的就是“员工向管理部门表达什么”的问题。因而，作为“表达”的内容，安全问题的主动发现，就成为公司安全管理的核心环节。为此，XJ 公司进行了层次化、体系化、丰富化的制度建设和贯彻实施，主要表现在以下几个方面。

首先，培养员工的责任意识。在员工进入公司之后，XJ 公司首先要做的就是对公司理念的表达。公司一直强调抽水蓄能电站的安全问题，不出事则已，一出事往往都是大事，作为国家水电事业的一员，安全事故防范意识至关重要。有员工反映“公司的性质决定了我们必须实行保守决策，当出现和我们以往工作不一致的安全异常时，我们都是查清原因绝不放过”。同时，从制度层面而言，公司对员工的安全意识做出了明确要求，员工反映“公司明确规定，一旦出现违章行为会自上而下开展审查，制度非常严格，我们也不会去触及”。因而，从软、硬两个方面，XJ 公司员工的安全责任意识得到了加强。

其次，激发员工发现安全问题的动机。XJ 公司设立了“流动红旗”制度，激发了员工之间甚至团队之间安全工作争创一流的热情。员工为了获得并持有“流动红旗”，必须紧绷安全意识弦，对安全事件做出科学正确的评价。同时，为了激发员工的学习热情，使其投入更多的努力以实现安全绩效的提升，XJ 公司还设立了刊物出版中心，其中刊物的主要篇幅用来宣传“劳动模范”兢兢业业、一丝不苟的安全工作精神。在这种有力的宣传下，员工在模范身上看到了科学求实的工作态度，并把这种一丝不苟的专注精神逐渐内化为自己的行为和态度。

(3)领导作用积极有力，员工实现了从“要我说”到“我要说”的转变。发现安全问题是根本，但是如何激发员工自由地表达安全问题的动机也异常重要。XJ 公司经过多年努力，主要从三个层面解决了上述问题。

首先，构建和谐的领导成员关系，消除安全建言的等级化。为此，XJ 公司一是施行“领导打开门”制度，真诚接纳员工建议。即要求各个领导在上班过程中，始终保持办公室门敞开，这一措施传达了领导或组织对于员工意见的尊重和虚心接纳的信号；二是 XJ 公司推行了“不设领导专座”的措施，强调员工和领导在建言献策过程中的平等理念，即在意见表达过程中没有高低，不论是员工还是领导提出的看法和问题，组织都会欣然接受。

其次，强化员工参与，培养员工的主人翁意识。为了让员工融入公司之中，XJ 公司推行了“班组大讲堂”和“新人讲课”活动，让员工在获得展示机会和个人自信心的同时，向员工传达了一个理念——你是公司的主人。访谈发现，上述这两个活动的推行，让员工感受到了他们“不是为公司工作，而是为自己工作”，“公司不是剥削我们的机器，而是让我们实现个人价值的平台”，因而具有更高的主动性向管理部门表达安全问题。

最后，构建和谐的安全氛围，培养员工的集体荣誉感。XJ 公司在员工始业教育阶段通过举办安全相关的团队化的、多样化的户外拓展活动和竞技活动，让员工之间多建立连接，从而培养员工的安全工作团队精神。如公司员工反映“定期举行户外登山活动、团队的羽毛球公开赛等互动活动，让我体会到了家庭的温暖。为了帮助团队，我应该积极建言献策，为团队的发展贡献自己的一份力量”。

(4)团队气氛积极良好，发现问题和安全建言有序衔接。通过制度建设、氛围营造和领导成员关系的建立，员工一方面对安全问题保持高度的警惕性，另一方面发现问题会及时向上级反映。XJ 公司在班组建设中，在强调安全意识的同时，把员工可能表达的问题进行了分类，如合理化建议、技术攻关问题、技术创新等，并针对不同种类的安全建言提出了不同的学习方式、学习规模、奖励政策等。

基于上述几个方面的分析，我们对 XJ 公司的建言过程的不同流程环节、主要内容、匹配关键词和特征释义进行总结，具体如表 10.2 所示。

表 10.2　XJ 抽水蓄能电站员工“问题识别—安全建言”过程分析

流程环节	主要内容	匹配关键词	特征释义
问题识别	出大问题；导致难以承担的后果；影响太大；人命关天	风险性(risk)	行为或现象不加以制止带来的事件的严重性估计
	极有可能；可能	可能性(possibility)	行为或现象不加以制止导致将来事件的因果概率估计
安全建言	有什么理由不；为自己工作	主动导向(initiative)	行为是个体主动的
	为了公司；为了团队；为了大家庭	建设导向(constructive)	行为对组织或团队具有建设性的作用
	平等；尊重；心理负担消除；没有架子；温暖	风险导向(risk)	行为可能会给自己带来消极结果

YW 核电站

核电站安全和上述两个案例的安全特征较为不同，集中表现在安全管理的对象上，其安全管理对象包括核岛(核反应及蒸汽输出部分)、常规岛(蒸汽发电相关机械部分)和电力配套设施(变压及输出相关设备)。相对于建筑项目和抽水蓄能电站而言，其安全管理更为复杂，因而 YW 核电站的安全管理更为系统化、专业化、精细化，主要表现在以下几个方面。

(1)问题识别和安全建言相关机制成熟完备。为了贯彻和落实核安全的国家战略举措，YW 核电站从制度层面、文化层面、行为层面都极为重视电站安全建设。由于核电技术创新和产品设备革新速度较快，辅之以核电安全情况复杂，YW 核电站特别重视安全建言机制的建设。为此，公司为安全建言提供了较为完备的制度体系，涵盖了遵守、自检、他检、监护、质疑、验证、工会前后的预见和经验分享等诸多环节，并对每一环节都做出了明确的规定。仅以工会前(即执行一项任务前召开的面对面的准备会，由该工作的负责人主持，所有参与该工作的人员参加，就该工作有关事项展开讨论与交流，使所有参加工作的人员清楚地理解工作任务、明确职责、识别风险、避免伤害和失误)为例，操作文本就包括“内容描述、意义、使用方法、使用要求、常见问题、经典案例”等诸多环节，并且对每一环节都进行系统完整的描述，介绍极为详尽。关于安全意见应该向谁提出，安全管理制度给出了清晰明了的分类和规定，如发现异常或故障应该首先向主控室传达；遇到需要降运行模式的情况需要向运行处长提出；遇到机组出力变化时，应该向电网部门提出建议。

(2)员工安全意识较强，安全问题容忍度较低。为了避免员工“想当然”的主观随意性，YW 公司特别强调要敢于质疑，鼓励独立的思考和判断，克服由“群体思维”或者“相信权威”而导致的失误。并且，在对待安全事件时，要时刻考虑“最坏的情况”，从而避免由“侥幸心理”而导致的失误。为此，为了增强员工安全意识，使其对安全问题保持较低的容忍度，从而识别安全问题，YW 公司针对相关问题提出了一系列的方法和手段。如工作操作手册中对“敢于质疑”的方法做了以下说明：“提出疑问：决策前和执行任务前，收集和任务相关的信息；识别信息中有矛盾的(比如信息前后不一致)、感到迷惑的(比如觉得看不懂的)、担心的问题；执行过程中，当出现警示信息时(比如有异常报警等)，需要停下来。澄清疑问：以有效的、受控的信息作为依据；使用最直接的证据(参数、现场核实等)，而不是用假设作为判断条件；当疑问得不到澄清时，向专业人员寻求帮助。”同时，公司还将公司的理念和个人价值观进行有效结合，实现员工安全意识的强化。公司积极向员工宣传其“安全第一，预防为主”的思想理念，让员工切实感受到其作为核电事业的一员的光荣使命和历史责任，从而实现员工意识的提升，从而促使员工在较强的安全意识下，采用较为科学的态度对待安全工作，进而有效识别安全问题。

(3)领导行为方式积极有力，员工建言动机强烈。经过YW核电站多年的努力，良性的团队学习闭环形成并不断趋于完善，而众多管理措施中让员工印象最为深刻的是领导的行为方式和做事风格。主要表现在以下两个方面。第一，领导—成员关系积极良好。“领导谈心制度”的施行，拉近了领导和员工之间的距离，在建立领导—成员信任的同时激发了员工进行安全建言的动机。如在访谈中我们发现员工普遍对“领导谈心制度”给予了高度的认可，认为这展现了组织及领导对员工的关心和支持，因而个体感知到较多的工作动机，去主动地为核电安全贡献自我力量；领导通过身体力行地贯彻安全制度，让员工看到了安全对于核电工作的重要性，因而员工也感知到自我的意见是领导所赞同和提倡的，由于个体的心理顾虑得到了消除，从而表现出较高水平的建言行为。第二，领导推行的“家属参观”活动的开展，让员工感知到了多方面的支持，即不仅让员工感受到了其是核电大家庭的一员，而且其家庭成员对核电事业的价值贡献也得到了领导和组织的认可，个体因此具有了较强的归属感，表现出较强的员工建言动机。

(4)氛围积极良好，发现问题到安全建言形成良好闭环。团队氛围积极良好，员工心理负担消除。由于多样化、具体化的团队型安全活动的开展，员工感知到部门成员是一个工作集体。并且基于建言的团队型奖励的制度设定，员工的建言更多的是为整个团队带来利益，因而建言动机较为强烈。为了让员工自由地向管理部门表达安全问题，从而形成良性的团队学习闭环，YW核电站进行了多方面的努力。主要表现在以下几个方面。首先，关于安全意见应该向谁提出，安全管理制度给出了清晰明了的分类和规定。其次，如发现异常或故障应该首先向主控室传达；遇到需要降运行模式的情况需要向运行处长提出；遇到机组出力变化时，应该向电网部门提出建议。

基于上述分析，我们对从安全问题识别到安全建言的这一过程所涉及的主要内容、匹配关键词、特征释义进行总结整理，具体如表 10.3 所示。

表 10.3　YW 核电站员工“问题识别—安全建言”过程分析

流程环节	主要内容	匹配关键词	特征释义
问题识别	安全事故；导致风险事故；工作失误	风险性（risk）	行为或现象不加以制止带来的事件的严重性估计
	不明智的；不符合规定的；不合格的；应受惩罚的	消极性（negative）	行为或现象是消极的结果
	可能；多种可能性；侥幸的	可能性（possibility）	行为或现象不加以制止导致将来事件的因果概率估计
安全建言	本职工作；积极	主动导向（initiative）	行为是个体主动的
	为了公司；为了我们团队；为了我们大家庭	建设导向（constructive）	行为对组织或团队具有建设性的作用
	支持；人性化；理解；惩罚（反）；不敢（反）；从众心理（反）；打击（反）；对人不对事（反）	风险导向（risk）	行为可能会给自己带来消极结果

五、多案例整合研究：安全建言产生过程的共性和区别

在单案例分析中，我们对三个组织内呈现出的员工建言的相关制度建设、员工问题识别、员工安全建言的衔接等问题进行了阐述。虽然三个组织在结构特征、制度建设、领导风格、氛围营造等方面存在着较大的差异，但是其安全建言产生过程①存在着诸多共同特征。

第一，从安全建言背后的逻辑链条来看，问题识别对安全建言至关重要。基于以往的理论研究，员工的建言不仅需要表达意见或担忧，而且需要发现问题（具有相关意见和担忧）。基于对上述三个案例的分析，我们可以发现尽管 ZJ 建筑公司由于组织的正式化程度较低，其安全建言过程相关的制度建设较为原始，但是其仍然暗含着员工发现问题、表达问题以及后续的

① 基于案例分析，采用现象嵌入式的过程视角探讨安全建言，对刻画安全建言产生的背后逻辑链条具有重要意义。在已有理论研究和多案例分析的基础上，我们把问题识别和安全建言统称为安全建言产生过程，简称安全建言过程。

分享学习过程;XJ 抽水蓄能电站的安全管理经验较为丰富,其安全建言背后的逻辑链条也涵盖了安全现象事件、问题识别、安全建言等环节;YW 公司安全管理对象较为复杂,安全问题识别和安全建言机制较为健全(包括安全现象、安全问题识别、安全建言等环节)。不同的地方在于,在后续的安全学习环节所采取的措施和表现形式上存在差异。对于 XJ 抽水蓄能公司和 YW 核电公司而言,后续的环节更为精细化:"接收问题信息"—"评定问题信息"—"反馈"—"公司学习"—"上报集团(重要问题)"—"集团学习"—"进入案例库"。这一结论与理论研究者的观点具有较高的一致性(Dillon et al., 2013; Jones et al., 1999)。

第二,从安全建言背后的逻辑链条来看,案例二和案例三的问题识别和安全建言的关系相对比较紧密。从第一个案例(ZJ 建筑公司)来看,由于安全建言相关的建设较为落后,其问题识别和安全建言两个阶段比较孤立,集中表现在一些员工虽然具有建言意愿,但无法识别安全问题;一些员工识别了安全问题却不愿意向管理部门表达,造成了问题识别和安全建言的割裂。从案例二(XJ 抽水蓄能电站)和案例三(YW 核电站)来看,由于各种管理措施的导入(XJ 抽水蓄能电站的"领导—成员定期沟通制度""团队型安全相关的素质拓展"等;YW 核电站的"领导谈心制度""团队安全相关素质拓展"等),员工的安全责任意识得到了普遍的加强,普遍对安全问题保持较低的容忍度,能够发现安全问题并及时向管理部门进行安全建言。

第三,从外部影响因素来看,一线领导的行为方式对案件问题识别、安全建言,以及问题识别到安全建言之间的有序衔接至关重要。从案例一(ZJ 建筑公司)来看,两个不同班组长的行为方式都能通过重视安全管理而加强员工的问题识别,但是二者对员工的安全意见及担忧的表达具有不同的作用。具体来说,当班组长相对比较认可员工对安全管理工作的价值、鼓励员工积极地参与工地安全管理活动时(见图 10.3 班组 1),通过导入人性化的关怀和支持,促使员工以较高的动机去主动地对安全问题保持警惕。并且,当发现安全问题时,员工具有较高的动机,积极地表达对于工作问题相关的看法和意见;相反,当员工感知到班组长把员工作为实现个人利益的工具,通过导入严厉的安全惩罚措施和高度的安全敏感性来规避安全问题时(见

图 10.3 班组 2),员工为了避免被惩罚而表现出较高的安全敏感性和较低的安全问题容忍度,进而识别出较多的安全问题。然而,当员工发现问题时,员工没有进行安全建言的动机,从而表现出对安全问题的闭口不言,甚至帮助同事一起隐藏安全问题。因而从案例一来看,其问题识别和安全建言处于高度割裂的状态,即使员工发现问题也不会进行安全建言。我们经过简单的统计发现,两个班组长的行为方式不同,员工发现问题的频数几乎没有明显的差异,但是在第一类班组长的行为方式下,员工的安全建言频数明显高于第二类班组长行为方式下员工安全建言的频数,具体如图 10.3 所示。

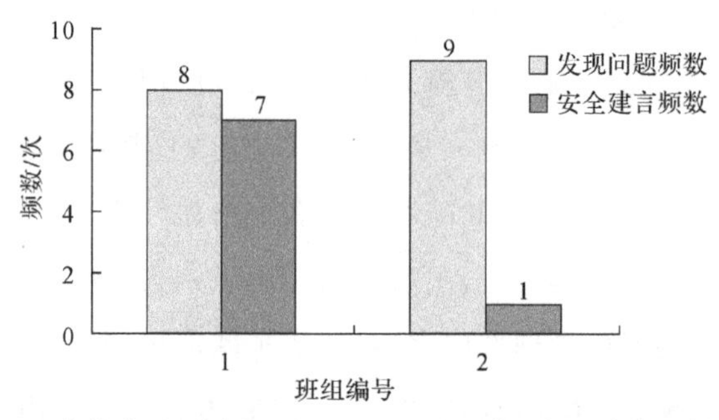

图 10.3　ZJ 建筑公司不同班组的员工问题识别和安全建言频数对比分析

通过问题识别和安全建言分析可以看出,在案例一两类不同的班组中,其员工自我汇报的发现问题的频数没有较大差异(过去一个月中,班组 1 中的 5 名员工报告的发现问题的频数平均为 8 次,班组 2 中的 5 名员工报告的问题发现频数平均为 9 次),然而安全建言的频数却呈现较大的差异(过去一个月中,班组 1 中的 5 名员工安全建言频数平均为 7 次,班组 2 中的 5 名员工安全建言频数平均为 1 次)。

并且,两个班组员工表现出安全意识的原因也存在较大的不同(班组 1 中的 5 名员工表现出安全问题识别意识更多的是由于其从班组的安全绩效的提升中受益,班组 2 中的 5 名员工表现出安全意识更多的是由于害怕受到安全惩罚)。并且,当我们继续询问班组 1 的 5 名员工为何建言时,员工更多的是反映这种行为可以带来安全绩效的改进,而班组 2 的 5 员工闭口不言的原因更多的是害怕受到同事和领导的忌恨和报复,具体如图 10.4 所示。

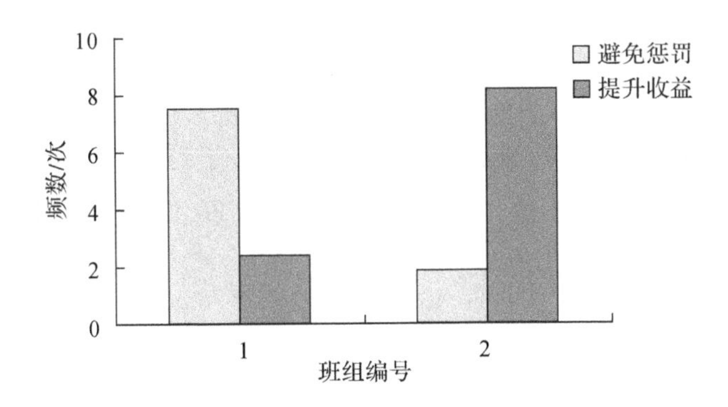

图 10.4　ZJ 建筑公司不同班组的员工具备安全意识的原因对比分析

然而，我们发现在案例二（XJ 水电站）和案例三（YW 核电站）中，领导更多的是通过提供多元化的支持（“领导谈心制度”“家属参观活动”）和积极的氛围构建（“安全相关的素质拓展”），弱化惩罚措施（如 YW 核电站的“安全问题零容忍，安全处理高包容”理念），从而增强员工的积极主动性，激励员工发现问题并针对安全问题进行安全建言。

从案例一来看，由于安全建言相关的建设较为落后，其问题识别和安全建言两个阶段比较孤立，集中表现在一些员工虽然具有建言意愿，但无法识别安全问题；一些员工识别了安全问题却不愿意向管理部门表达。而从案例二（XJ 抽水蓄能电站）和案例三（YW 核电站）来看，由于员工安全责任意识较强，普遍能够发现安全问题并及时向管理部门进行安全建言。

第四，综合三个案例可以得出以下结论。首先，问题识别对安全建言至关重要。二者是两个不同的概念，有着各自的内涵特征，即员工发现了安全问题不一定就意味着员工一定会进行安全建言，即发现问题和安全建言之间还存在一定的距离，这与以往的理论研究存在着一致性（Tucker & Turner, 2015）。因而安全建言研究中需要关注安全问题识别，并对安全建言和安全建言的逻辑链条的打通给予必要的关注。其次，问题识别和安全建言具有不同逻辑前因，因而有必要基于现象嵌入式的过程视角，探讨安全建言发生的整个逻辑链条。无论是案例一、案例二还是案例三，其都蕴含着一条明确的结论：由于对事件的判断不一，员工问题识别水平存在着差异。因而，综合上述两点可以看出，问题识别对于安全建言的研究至关重要，进行整合性看待有助于我们加强对于安全建言背后逻辑链条的理解，从而帮助我们更好地理解安全建言的全貌。这也是以往研究所忽视的环节,也印证了理论研究者对于这一研究话题的猜想(Dillon et al., 2013)。

基于以往案例研究的结果和以往理论研究关于问题识别和安全建言的特征的描述,我们对安全建言发生的整个逻辑链条中所涉及的环节进行了分类编码,具体如图 10.5 所示。

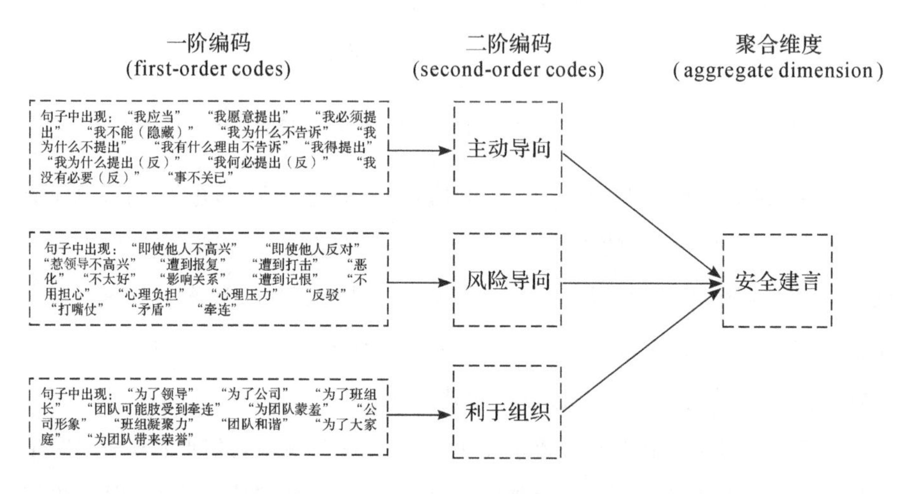

图 10.5 安全建言的编码过程——基于三个案例的比较分析

从图 10.5 中可以看出,基于三个案例的安全建言的内涵与以往的理论研究具有较高的一致性。首先,主动导向,即员工的安全建言是个体主动的行为,如涵盖关键词的句子包括“我应该提出自己的想法”“我必须向领导表明”“我应当向管理者说明我的想法”等等;其次,风险导向,即员工的安全建言是一种风险行为,可能会给自己带来消极的后果。通过内容分析,我们发现,案例中出现了“遭到报复”“惹领导不高兴”“遭到领导和同事的忌恨”“我们内心的疑虑被消除了”“就要天天和他们打嘴仗了”等句子;最后,建设导向,即最终的目的会对组织或对团队起着建设性的作用。同样,我们基于内容分析,可以看到其涵盖了“为了组织”“为了领导”等句子,即员工安全建言会给组织或团队带来建设性的作用。

采用同样的方法,我们对访谈内容进行了内容分析,基于以往的理论研究,我们认为可以把问题识别分为三个维度,包括风险性、消极性和可能性,即员工在观察到某一事件之后,当员工认为这一事件是一个消极事件,并且消极事件具有高风险性，可能在以后的安全管理中导致非常严重的后果时，这一事件就会被员工界定为安全问题（即问题被识别出来），具体如图 10.6 所示。风险性，即员工观察到这一事件，认为这一现象或行为具有较高的风险性；消极性，即员工观察到这一事件时，认为这一现象或行为是一种消极的结果；可能性，即员工认为这一现象或行为如果不加以制止可能会重复发生并带来严重的安全后果。这与以往的理论研究具有较高的一致性（Dillon et al.，2016a）。

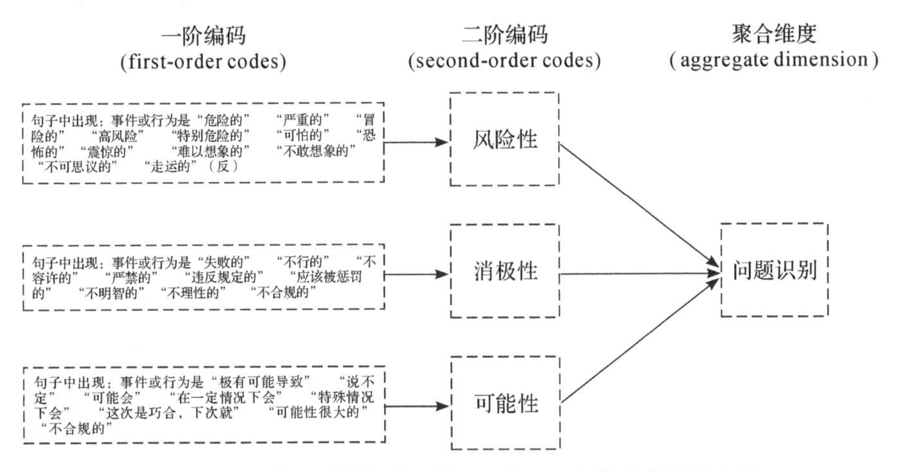

图 10.6　问题识别的编码过程——基于三个案例的比较分析

基于三个案例的分析，我们发现安全问题识别和安全建言紧密相关，具有各自的独立性。在跨案例对比的基础上，我们归纳出了安全建言发生的过程图，具体如图 10.7 所示。

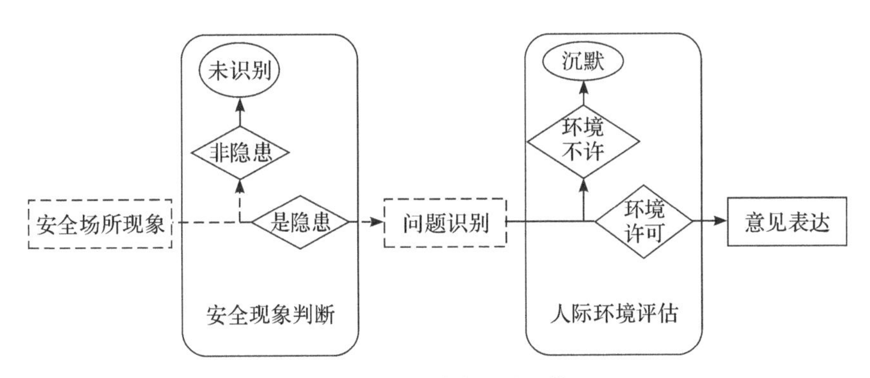

图 10.7　安全建言的过程模型

注：图中的虚线框及虚线条表示安全问题识别环节，后端实线框表示安全建言环节。

在问题识别阶段，当员工观察到安全现象时，个体首先需要经历一个评估过程(interpretation 或 sensemaking 的过程)，当这一事件或行为被认为是安全隐患时，即问题被识别出来，否则即没有被识别(停止)；在安全建言环节，我们可以看到个体发现问题后，首先需要进行评估(愿不愿报、能不能报、报了有没有用)，当员工认为上述条件具备时，即向上级表达意见和看法，否则将对安全问题保持沉默。针对上述两个逻辑环节，我们发现这与以往研究者的猜想具有较高的一致性(Dillon et al.，2013)。

总结而言，通过多案例企业实地研究，从安全隐患识别的角度，发现了安全行为中问题识别和意见表达的过程以及可能的影响因素。研究可能对理论和管理实践都有重要的启示意义。

第一，研究的意义在于其说明了在安全建言话题研究中关注问题识别的合理性和重要性。以往的理论研究表明，安全事故发生的主要原因是员工发现了安全问题却不愿意表达给管理部门，因而其主要解决的问题是如何让员工自由地向上级表达问题，并针对此问题形成了诸多安全举措。有实证研究表明，构建积极的心理安全氛围，提供多元化的组织支持等对安全建言的发生具有较为积极的意义(Probst et al.，2008；Probst & Estrada，2010；Tucker & Turner，2015)。然而有学者认为安全事故发生的一个重要原因是员工并没有发现问题，因而其呼吁学者在研究安全建言时关注问题识别这一重要前因(Dillon et al.，2013；Dillon，Tinsley et al.，2016)，然而遗憾的是这一问题并没有受到足够的重视，也没有被直接地进行验证。因而，在安全管理环境下，基于过程性的视角看待安全建言具有较为重要的意义。

第二，多案例研究的意义在于其说明问题识别和安全建言具有不同的内涵、前因和影响机制。经过系统的分析和梳理，我们发现问题识别和安全建言的特征存在较大的差异。一是内涵特征不同。问题识别包括了对风险性、可能性以及事件的消极性判断的内涵，而安全建言包含了风险性、主动性和建设性的特征。在一定程度上来说，安全建言具有更多的内在导向性(即是一种主动行为)，而问题识别并不具备这一特征。二是面向对象不同。安全建言涉及对人际风险的考虑(面向人际关系)，而问题识别的风险性更多的是对当前的现象或行为不加以制止而引发潜在事故的严重性评估(面向任务的或个体行为)。三是,产生意图不同。安全建言具有建设性的意图,即利于组织。而问题识别与建设性意图没有直接关系,其更大程度上是对任务本身的一种评估和判断。并且我们从案例对比分析中可以看出,领导风格对于问题识别和安全建言具有不同的效应,这也为我们的猜想提供了有力的佐证,因而很有必要研究具体前因对问题识别和安全建言的不同作用。

第三,多案例结果显示同一组织内且相同功能和任务的不同班组之间在问题识别和安全建言方面存在很大的差异,这些差异极有可能是由不同的领导方式所导致的。领导风格对问题识别到安全建言主题研究的重要性以及可能的不同效应,为我们研究两种领导风格影响安全问题识别到安全建言整个逻辑链条的意义提供了有力的佐证。这一结论说明了我们关注安全背景下采用整合的视角,整体性地关注安全问题识别和安全建言的必要性,并说明了探讨两种领导风格对问题识别到安全建言整个逻辑链条的研究意义,为我们进行后续的研究提供了基础,保证了我们进行后续研究的严谨性,赋予了探讨领导风格与问题识别和安全建言的关系、作用机制及情境因素以较强的理论意义和现实意义。

参考文献

[1] Achtziger A, Gollwitzer P M, Sheeran P. Implementation intentions and shielding goal striving from unwanted thoughts and feelings. Personality and Social Psychology Bulletin, 2008, 34(3): 381-393.

[2] Ajzen I. The theory of planned behavior. Organizational Behavior and Human Decision Processes, 1991, 50(2): 179-211.

[3] Arnold J A, Arad S, Rhoades J A, Drasgow F. The empowering leadership questionnaire: The construction and validation of a new scale for measuring leader behaviors. Journal of Organizational Behavior, 2000, 21(3): 249-269.

[4] Arnold, K A, Turner N, Barling J, Kelloway E K, McKee M C. Transformational leadership and psychological well-being: The mediating role of meaningful work. Journal of Occupational Health Psychology, 2007, 12(3): 193-203.

[5] Ashford S J, Rothbard N P, Piderit S K, Dutton J E. Out on a limb: The role of context and impression management in selling gender-equity issues. Administrative Science Quarterly, 1998, 43(1): 23-57.

[6] Ashforth B E, Mael F. Social identity theory and the organization. Academy of Management Review, 1989, 14(1): 20-39.

[7] Austin J T, Vancouver J B. Goal constructs in psychology: Structure, process, and content. Psychological Bulletin, 1996, 120(3): 338-375.

[8] Avery D R. Personality as a predictor of the value of voice. The Journal of Psychology, 2003, 137(5): 435-446.

[9] Avey J B, Wernsing T S, Palanski M E. Exploring the process of ethical leadership: The mediating role of employee voice and psychological ownership. Journal of Business Ethics, 2012, 107(1): 21-34.

[10] Avolio B J, Zhu W, KohW, Bhatia P. Transformational leadership and organizational commitment: Mediating role of psychological empowerment and moderating role of structural distance. Journal of Organizational Behavior, 2004, 25(8): 951-968.

[11] Avolio B J. Full leadership development: Building the vital forces in organizations. Thousand Oaks, CA: Sage, 1999.

[12] Bakker A B, Demerouti E. The job demands-resources model: State of the art. Journal of Managerial Psychology, 2007, 22(3): 309-328.

[13] Barbuto Jr J E. Motivation and transactional, charismatic, and transformational leadership: A test of antecedents. Journal of Leadership Organizational Studies, 2005, 11(4): 26-40.

[14] Bargh J A, Chartrand T L. The unbearable automaticity of being. American Psychologist, 1999, 54(7):462-433.

[15] Bargh J A. Caution: Automatic social cognition may not be habit forming. Polish Psychological Bulletin. 2001, 32(1):1-8.

[16] Bargh J A, Williams E L. The automaticity of social life. Current Directions in Psychological Science,2006, 15(1):1-4.

[17] Barling J, Loughlin C, Kelloway E K. Development and test of a model linking safety-specific transformational leadership and occupational safety. Journal of Applied Psychology, 2002, 87(3): 488-496.

[18] Barling J, Weber T, Kelloway E K. Effects of transformational leadership training on attitudinal and financial outcomes: A field

experiment. Journal of Applied Psychology, 1996, 81(6): 827-832.

[19] Baron J, Hershey J C. Outcome bias in decision evaluation. Journal of Personality and Social Psychology, 1988, 54(4): 569-579.

[20] Baron R M, Kenny D A. The moderator-mediator variable distinction in social psychological research: Conceptual, strategic, and statistical considerations. Journal of Personality and Social Psychology, 1986, 51(6): 1173-1182.

[21] Bass B, Avolio B. Revised manual for the multi-factor questionaire. Palo Alto, CA: Mind Garden, 1997.

[22] Bass B M, Avolio B J. Potential biases in leadership measures: How prototypes, leniency, and general satisfaction relate to ratings and rankings of transformational and transactional leadership constructs. Educational and Psychological Measurement, 1989, 49(3): 509-527.

[23] Bass B M, Bass R. The Bass handbook of leadership: Theory, research, and managerial applications. New York: Free Press, 2008.

[24] Bass B M, Avolio B J. Transformational leadership development: Manual for the multifactor leadership questionnaire. Palo Alto, CA: Consulting Psychologists Press, 1990.

[25] Bass B M. Leadership and performance beyond expectations. New York: Free Press, 1985.

[26] Bass B M. Transformational leadership: Industry, military, and educational impact. Mahwah, NJ: Erlbaum, 1998.

[27] Bass B M. Two decades of research and development in transformational leadership. European Journal of Work and Organizational Psychology, 1999, 8(1): 9-32.

[28] Behrendt P, Matz S, GöritzA S. An integrative model of leadership behavior. The Leadership Quarterly, 2017, 28(1): 229-244.

[29] Blake R R, Mouton J S. The managerial grid III: The key to leadership excellence. Houston: Gulf Publishing, 1985.

[30] Blau P M. Interaction: Social exchange. International encyclopedia for social sciences. New York: Macmillan Free Press, 1986.

[31] Bolino M C, Turnley W H, Niehoff B P. The other side of the story: Reexamining prevailing assumptions about organizational citizenship behavior. Human Resource Management Review, 2004, 14(2): 229-246.

[32] Bolino M C, Turnley W H. The personal costs of citizenship behavior: the relationship between individual initiative and role overload, job stress, and work-family conflict. Journal of Applied Psychology, 2005, 90(4): 740-748.

[33] Bono J E, Judge T A. Self-concordance at work: Toward understanding the motivational effects of transformational leaders. Academy of Management Journal, 2003, 46(5): 554-571.

[34] Bono J E, Judge T A. Personality and transformational and transactional leadership: A meta-analysis. Journal of Applied Psychology, 2004, 89(5): 901-910.

[35] Breevaart K, Bakker,A, Hetland J, Demerouti E, Olsen O K, Espevik R. Daily transactional and transformational leadership and daily employee engagement. Journal of Occupational and Organizational Psychology, 2014, 87(1): 138-157.

[36] Brislin R W. Translation and content analysis of oral and written material. Triandis H C,Berry J W(eds.). Handbook of cross-cultural psychology. Boston, MA: Allyn and Bacon, 1980: 349-444.

[37] Brockner J, Higgins E T. Regulatory focus theory: Implications for the study of emotions at work. Organizational Behavior and Human Decision Processes, 2001, 86(1): 35-66.

[38] Brotheridge C M, Lee R T. Testing a conservation of resources model of the dynamics of emotional labor. Journal of Occupational Health Psychology, 2002, 7(1): 57-67.

[39] Brown M E, Treviño L K, Harrison D A. Ethical leadership: A social learning perspective for construct development and testing. Organizational Behavior and Human Decision Processes, 2005, 97(2): 117-134.

[40] Burns J M. Leadership. New York: Harper and Row, 1978.

[41] Burris E R, Detert J R, Chiaburu D S. Quitting before leaving: The mediating effects of psychological attachment and detachment on voice. Journal of Applied Psychology, 2008, 93(4): 912-922.

[42] Byrne R M, McEleney A. Counterfactual thinking about actions and failures to act. Journal of Experimental Psychology: Learning, Memory, and Cognition, 2000, 26(5): 1318-1322.

[43] Charbonneau D, Barling J, Kelloway E K. Transformational leadership and sports performance: The mediating role of intrinsic motivation. Journal of Applied Social Psychology, 2001, 31(7): 1521-1534.

[44] Chen Q, Wu W, Zhang X. The differentiation and decision matrix risk assessment of accident precursors and near-misses on construction sites. International Journal of Engineering Technology IJET-IJENS, 2012, 12: 38-53.

[45] Chen A S-Y, Hou Y-H. The effects of ethical leadership, voice behavior and climates for innovation on creativity: A moderated mediation examination. The Leadership Quarterly, 2016, 27(1): 1-13.

[46] Cheung M F, Wong C-S. Transformational leadership, leader support, and employee creativity. Leadership Organization Development Journal, 2011, 32(7): 656-672.

[47] Choudhry R M, Fang D. Why operatives engage in unsafe work behavior: Investigating factors on construction sites. Safety Science, 2008, 46(4): 566-584.

[48] ChristieA, Barling J, Turner N. Pseudo-transformational leadership:

Model specification and outcomes. Journal of Applied Social Psychology, 2011, 41(12): 2943-2984.

[49] Clarke S. Safety leadership: A meta-analytic review of transformational and transactional leadership styles as antecedents of safety behaviours. Journal of Occupational and Organizational Psychology, 2013, 86(1): 22-49.

[50] Clarke S. The relationship between safety climate and safety performance: a meta-analytic review. 2006, 11(4): 315-327.

[51] Coad A F, Berry A J. Transformational leadership and learning orientation. Leadership Organization Development Journal, 1998, 19(3): 164-172.

[52] Cohen A. Factors in successful occupational safety programs. Journal of Safety Research, 1977, 9(4): 168-178.

[53] Conchie S M, Taylor P J, Donald I J. Promoting safety voice with safety-specific transformational leadership: The mediating role of two dimensions of trust. Journal of Occupational Health Psychology, 2012, 17(1): 105-115.

[54] Conchie S M, Donald I J. The moderating role of safety-specific trust on the relation between safety-specific leadership and safety citizenship behaviors. Journal of Occupational Health Psychology, 2009, 14(2): 137-147.

[55] Conchie S M. Transformational leadership, intrinsic motivation, and trust: A moderated-mediated model of workplace safety. Journal of Occupational Health Psychology, 2013, 18(2): 198-210.

[56] Cooke D L, Rohleder T R. Learning from incidents: From normal accidents to high reliability. System Dynamics Review, 2006, 22(3): 213-239.

[57] Crant J M. Proactive behavior in organizations. Journal of Management, 2000, 26(3): 435-462.

[58] Cree T，Kelloway E K. Responses to occupational hazards：Exit and participation. Journal of Occupational Health Psychology，1997，2(4)：304-311.

[59] Daniels K，Wimalasiri V，Cheyne A，Story V. Linking the demands-control-support model to innovation：The moderating role of personal initiative on the generation and implementation of ideas. Journal of Occupational and Organizational Psychology，2011，84(3)：581-598.

[60] Davis C G，Lehman D R，Wortman C B，Silver R C，Thompson S C. The undoing of traumatic life events. Personality and Social Psychology Bulletin，1995，21(2)：109-124.

[61] Dawkins S，Tian A W，Newman A，Martin A. Psychological ownership：A review and research agenda. Journal of Organizational Behavior，2017，38(2)：163-183.

[62] Day D V，Fleenor J W，Atwater L E，Sturm R E，McKee R A. Advances in leader and leadership development：A review of 25 years of research and theory. The Leadership Quarterly，2014，25(1)：63-82.

[63] Den Hartog D N，Belschak F D. When does transformational leadership enhance employee proactive behavior? The role of autonomy and role breadth self-efficacy. Journal of Applied Psychology，2012，97(1)：194-202.

[64] Detert J R，Burris E R. Leadership behavior and employee voice：Is the door really open?. Academy of Management Journal，2007，50(4)：869-884.

[65] Detert J R，Treviño L K. Speaking up to higher-ups：How supervisors and skip-level leaders influence employee voice. Organization Science，2010，21(1)：249-270.

[66] Didla S，Mearns K，Flin R. Safety citizenship behaviour：A proactive approach to risk management. Journal of Risk Research，2009，12(3-4)：

475-483.

[67] Dijksterhuis A, Bargh J A. 2001. The perception-behavior expressway: automatic effects of social perception on social behavior. In Advances in Experimental Social Psychology, Vol. 23, ed. MP Zanna, pp. 1-40. San Diego, CA: Academic.

[68] Dillon R L, Tinsley C H. How near-misses influence decision making under risk: A missed opportunity for learning. Management Science, 2008,54(8): 1425-1440.

[69] Dillon R L, Tinsley C H, Cronin M. Why near-miss events can decrease an individual's protective response to hurricanes. Risk Analysis: An International Journal, 2011,31(3): 440-449.

[70] Dillon R L. Tinsley C H, Burns W J. Evolving risk perceptions about near-miss terrorist events. Decision Analysis, 2014,11(1): 27-42.

[71] Dillon R L, Rogers E W, Oberhettinger D J, Tinsley C H. A different kind of organizational silence: When individuals fail to recognize a problem exists. IEEE Aerospace Conference. USA: 2016: 1-9.

[72] Dillon R L, Tinsley C H, Madsen P M, Rogers E W. Organizational correctives for improving recognition of near-miss events. Journal of Management, 2016, 42(3): 671-697.

[73] Dillon R L, Tinsley C H, Rogers E W. Using organizational messages to improve the recognition of near-miss events on projects. IEEE Aerospace Conference. USA: 2014: 1-10.

[74] Dillon R L, Madsen P, Rogers E W, Tinsley C H. Improving the recognition of near-miss events on NASA missions. IEEE Aerospace Conference USA: 2013: 1-7.

[75] Dillon R L, Tinsley C H. How near-misses influence decision making under risk: A missed opportunity for learning. Management Science,

2008, 54(8): 1425-1440.

[76] Dinh J E, Lord R G, Gardner W L, Meuser J D, Liden R C, Hu J. Leadership theory and research in the new millennium: Current theoretical trends and changing perspectives. The Leadership Quarterly, 2014, 25(1): 36-62.

[77] Duan J, Li C, Xu Y, Wu C. Transformational leadership and employee voice behavior: A Pygmalion mechanism. Journal of Organizational Behavior, 2017, 38(5): 650-670.

[78] Dunbar R L. Manager's influence on subordinates' thinking about safety. Academy of Management Journal, 1975, 18(2): 364-369.

[79] Dutton J E, Ashford S J, O'Neill R M, Hayes E, Wierba E E. Reading the wind: How middle managers assess the context for selling issues to top managers. Strategic Management Iournal, 1997, 18(5): 407-423.

[80] Dutton J A. The ceaseless wind: An introduction to the theory of atmospheric motion. New York: McGraw-Hill, 2002.

[81] Dyne L V, Ang S, Botero I C. Conceptualizing employee silence and employee voice as multidimensional constructs. Journal of Management Studies, 2003, 40(6): 1359-1392.

[82] Eagly A H, Johannesen-Schmidt M C, Engen M L. van. Transformational, transactional, and laissez-faire leadership styles: A meta-analysis comparing women and men. Psychological Bulletin, 2003, 129(4): 569-591.

[83] Eaton A E, Nocerino T. The effectiveness of health and safety committees: Results of a survey of public-Sector workplaces the effectiveness of health and safety committees. Industrial Relations: A Journal of Economy and Society, 2000, 39(2): 265-290.

[84] Edmondson A C, McManus S E. Methodological fit in management field research. Academy of Management Review, 2007, 32(4): 1246-1264.

[85] Edmondson A C. Psychological safety and learning behavior in work teams. Administrative Science Quarterly, 1999, 44(2): 350-383.

[86] Epstude K, Roese N J. The functional theory of counterfactual thinking. Personality and Social Psychology Review, 2008, 12(2): 168-192.

[87] Eisenbeiss S A, Van Knippenberg D, Boerner S. Transformational leadership and team innovation: integrating team climate principles. Journal of Applied Psychology, 2008, 93(6): 1438-1446.

[88] Eisenhardt K M, Graebner M E. Theory building from cases: Opportunities and challenges. Academy of Management Journal, 2007, 50(1): 25-32.

[89] Eisenhardt K M. Building theories from case study research. Academy of Management Review, 1989, 14(4): 532-550.

[90] Fast N J, Burris E R, Bartel C A. Managing to stay in the dark: Managerial self-efficacy, ego defensiveness, and the aversion to employee voice. Academy of Management Journal, 2014, 57(4): 1013-1034.

[91] Fiedler F E. Job engineering for effective leadership: A new approach. Management Review, 1977, 66(9): 29-31.

[92] Flin R H, Slaven G. Managing the offshore installation workforce. PennWell Publication, Oklahoma, 1996.

[93] Frese M, Teng E, Wijnen C J. Helping to improve suggestion systems: Predictors of making suggestions in companies. Journal of Organizational Behavior, 1999, 20(7): 1139-1155.

[94] Fugas C S, Silva S A, Meliá J L. Another look at safety climate and safety behavior: Deepening the cognitive and social mediator mechanisms. Accident Analysis Prevention, 2012,45: 468-477.

[95] Fuller J B, Marler L E, Hester K. Promoting felt responsibility for constructive change and proactive behavior: Exploring aspects of an

elaborated model of work design. Journal of Organizational Behavior, 2006, 27(8): 1089-1120.

[96] Gagné M, Deci E L. Self-determination theory and work motivation. Journal of Organizational Behavior, 2005, 26(4): 331-362.

[97] Galinsky A D, Magee J C, Gruenfeld, D H, Whitson J A, Liljenquist K A. Power reduces the press of the situation: implications for creativity, conformity, and dissonance. Journal of Personality and Social Psychology, 2008, 95(6): 1450-1466.

[98] George J M, Bettenhausen K. Understanding prosocial behavior, sales performance, and turnover: A group-level analysis in a service context. Journal of Applied Psychology, 1990, 75(6): 698-709.

[99] Ghafoor A, Qureshi T M, Khan M A, Hijazi S T. Transformational leadership, employee engagement and performance: Mediating effect of psychological ownership. African Journal of Business Management, 2011, 5(17): 7391-7403.

[100] Glauser M J. Upward information flow in organizations: Review and conceptual analysis. Human Relations, 1984, 37(8): 613-643.

[101] Gong Y, Huang J-C, Farh J-L. Employee learning orientation, transformational leadership, and employee creativity: The mediating role of employee creative self-efficacy. Academy of Management Journal, 2009, 52(4): 765-778.

[102] Grandey A A, Cropanzano R. The conservation of resources model applied to work-family conflict and strain. Journal of Vocational Behavior, 1999, 54(2): 350-370.

[103] Greenwood R, Raynard M, Kodeih F, Micelotta E R, Lounsbury M. Institutional complexity and organizational responses. Academy of Management annals, 2011, 5(1), 317-371.

[104] Griffin M A, Neal A. Perceptions of safety at work: A framework for linking safety climate to safety performance, knowledge, and

motivation. Journal of Occupational Health Psychology, 2000, 5(3): 347-358.

[105] Griffin M A, Hu X. How leaders differentially motivate safety compliance and safety participation: The role of monitoring, inspiring, and learning. Safety Science, 2013, 60: 196-202.

[106] Griffin R W. Supervisory behaviour as a source of perceived task scope. Journal of Occupational and Organizational Psychology, 1981, 54(3): 175-182.

[107] Gumusluoglu L, Ilsev A. Transformational leadership, creativity, and organizational innovation. Journal of Business Research, 2009, 62(4): 461-473.

[108] Hackman J R, Oldham G R. Motivation through the design of work: Test of a theory. Organizational Behavior and Human Performance, 1976, 16(2): 250-279.

[109] Halbesleben J R, Neveu J-P, Paustian-Underdahl S C, Westman M. Getting to the "COR" understanding the role of resources in conservation of resources theory. Journal of Management, 2014, 40(5): 1334-1364.

[110] Halbesleben J R. Sources of social support and burnout: a meta-analytic test of the conservation of resources model. Journal of Applied Psychology, 2006, 91(5): 1134-1145.

[111] Hammer L B, Johnson R C, Crain T L, Bodner T, Kossek E E, Davis K D. Intervention effects on safety compliance and citizenship behaviors: Evidence from the work, family, and health study. Journal of Applied Psychology, 2016, 101(2): 190-208.

[112] Harrell W A. Perceived risk of occupational injury: Control over pace of work and blue-collar versus white-collar work. Perceptual and Motor Skills, 1990, 70(3_suppl): 1351-1359.

[113] Hamstra M R, Van Yperen N W, Wisse B, Sassenberg K.

Transformational-transactional leadership styles and followers' regulatory focus. Journal of Personnel Psychology, 2011, 1(10): 182-186.

[114] Hassel M, Asbjørnslett B E, Hole L P. Underreporting of maritime accidents to vessel accident databases. Accident Analysis & Prevention,2011,43(6): 2053-2063.

[115] Hayes A F. Process: A versatile computational tool for observed variable mediation, moderation, and conditional process modeling [White paper]. 2012.

[116] Herman H M, Huang X, Lam W. Why does transformational leadership matter for employee turnover? A multi-foci social exchange perspective. The Leadership Quarterly, 2013, 24(5): 763-776.

[117] Higgins E T, Shah J, Friedman R. Emotional responses to goal attainment: strength of regulatory focus as moderator. Journal of Personality and Social Psychology, 1997, 72(3): 515-525.

[118] Higgins E T, Tykocinski O. Seff-discrepancies and biographical memory: Personality and cognition at the level of psychological situation. Personality and Social Psychology Bulletin, 1992, 18(5): 527-535.

[119] Higgins E T. Promotion and prevention: Regulatory focus as a motivational principle. Advances in Experimental Social Psychology, 1998, 30(1): 1-46.

[120] Hirschman A O. Exit, voice, and loyalty: Responses to decline in firms, organizations, and states. Cambridge, MA: Harvard University Press, 1970.

[121] Hobfoll S E, Lilly R S. Resource conservation as a strategy for community psychology. Journal of Community Psychology, 1993, 21(2): 128-148.

[122] Hobfoll S E. Conservation of resource caravans and engaged settings. Journal of Occupational and Organizational Psychology, 2011, 84(1): 116-122.

[123] Hobfoll S E. Conservation of resources: A new attempt at conceptualizing stress. American Psychologist, 1989, 44(3): 513-524.

[124] Hofmann D A, Morgeson F P, Gerras S J. Climate as a moderator of the relationship between leader-member exchange and content specific citizenship: Safety climate as an exemplar. Journal of Applied Psychology, 2003, 88(1): 170-178.

[125] Heinrich H W. Industrial accident prevention: A scientific approach. New York: McGraw-Hill Book Co. , InC, 1959.

[126] Hofmann D A, Stetzer A. A cross-level investigation of factors influencing unsafe behaviors and accidents. Personnel Psychology, 1996, 49(2):307-339.

[127] Hofmann D A, Jacobs R, Landy F. High reliability process industries: Individual, micro, and macro organizational influences on safety performance. Journal of Safety Research, 1995, 26(3): 131-149.

[128] Hofmann D A, Morgeson F P. Safety-related behavior as a social exchange: The role of perceived organizational support and leader-member exchange. Journal of Applied Psychology, 1999, 84(2): 286-296.

[129] Hogan R, Curphy G J, Hogan J. What we know about leadership: Effectiveness and personality. American Psychologist, 1994, 49(6): 493-504.

[130] Homans G C. Social behavior as exchange. American Journal of Sociology, 1958, 63(6): 597-606.

[131] Hollnagel E. Cognitive reliability and error analysis method (CREAM). Elsevier, 1998.

[132] Hoyos C G, Ruppert F. Safety diagnosis in industrial work settings: The safety diagnosis questionnaire. Journal of Safety Research, 1995, 26 (2): 107-117.

[133] House R J. A path goal theory of leader effectiveness. Administrative Science Quarterly, 1971, 16(3): 321-339.

[134] Howell J M, Hall-Merenda K E. The ties that bind: The impact of leader-member exchange, transformational and transactional leadership, and distance on predicting follower performance. Journal of Applied Psychology, 1999, 84(5): 680-694.

[135] Hui C, Lam S S, Law K K. Instrumental values of organizational citizenship behavior for promotion: a field quasi-experiment. Journal of Applied Psychology, 2000, 85(5): 822-828.

[136] Humphrey S E, Moon H, Conlon D E, Hofmann D. Adecision-making and behavior fluidity: How focus on completion and emphasis on safety changes over the course of projects. Organizational Behavior and Human Decision Processes, 2004, 93(1): 14-27.

[137] Ilies R, Nahrgang J D, Morgeson F P. Leader-member exchange and citizenship behaviors: A meta-analysis. Journal of Applied Psychology, 2007, 92(1): 269-277.

[138] Inness M, Turner N, Barling J, Stride C B. Transformational leadership and employee safety performance: A within-person, between-jobs design. Journal of Occupational Health Psychology, 2010, 15(3): 279-290.

[139] Islam G, Zyphur M J. Power, voice, and hierarchy: Exploring the antecedents of speaking up in groups. Group Dynamics: Theory, Research, and Practice, 2005, 9(2): 93-103.

[140] Israel B A, Baker E A, Goldenhar L M, Heaney C A. Occupational stress, safety, and health: Conceptual framework and principles for effective prevention interventions. Journal of Occupational Health

Psychology，1996，1(3)：261.

[141] James L R，Demaree R G，Wolf G. R(wg)：An assessment of within-group interrater agreement. Journal of Applied Psychology，1993，78(2)：306-309.

[142] James L R，Demaree R G，Wolf G. Estimating within-group interrater reliability with and without response bias. Journal of Applied Psychology，1984，69(1)：85-98.

[143] Janssen O，Vries T de，CozijnseA J. Voicing by adapting and innovating employees：An empirical study on how personality and environment interact to affect voice behavior. Human Relations，1998，51(7)：945-967.

[144] Janssen O，Gao L. Supervisory responsiveness and employee self-perceived status and voice behavior. Journal of Management，2015，41(7)：1854-1872.

[145] Jones S，Kirchsteiger C，Bjerke W. The importance of near miss reporting to further improve safety performance. Journal of Loss Prevention in the Process Industries，1999，12(1)：59-67.

[146] Judge T A，Piccolo R F. Transformational and transactional leadership：A meta-analytic test of their relative validity. Journal of Applied Psychology，2004，89(5)：755-768.

[147] Jung D I，Chow C，Wu A. The role of transformational leadership in enhancing organizational innovation：Hypotheses and some preliminary findings. The Leadership Quarterly，2003，14(4)：525-544.

[148] Jung D I，Sosik J J. Transformational leadership in work groups：The role of empowerment，cohesiveness，and collective-efficacy on perceived group performance. Small Group Research，2002，33(3)：313-336.

[149] Kahn R L，Katz D. Leadership practices in relation to productivity

and morale. In Cartwright, Zande. Group Dynamics: Research and Theory. Evanston: Row-Peterson, 1953.

[150] Kahneman D, Miller D T. Norm theory: Comparing reality to its alternatives. Psychological Review, 1986, 93(2): 136-147.

[151] Kahneman D, Tversky A. On the study of statistical intuitions. Cognition, 1982, 11(2): 123-141.

[152] Kakkar H, Tangirala S, Srivastava N K, Kamdar D. The dispositional antecedents of promotive and prohibitive voice. Journal of Applied Psychology, 2016, 101(9): 1342-1351.

[153] Kapp E A. The influence of supervisor leadership practices and perceived group safety climate on employee safety performance. Safety Science, 2012, 50(4): 1119-1124.

[154] Kark R, Katz-Navon T, Delegach M. The dual effects of leading for safety: The mediating role of employee regulatory focus. Journal of Applied Psychology, 2015, 100(5): 1332-1348.

[155] Kark R, Shamir B, Chen G. The two faces of transformational leadership: empowerment and dependency. Journal of Applied Psychology, 2003, 88(2): 246-255.

[156] Kark R, Van Dijk D. Motivation to lead, motivation to follow: The role of the self-regulatory focus in leadership processes. Academy of Management Review, 2007, 32(2): 500-528.

[157] Kath L M, Marks K M, Ranney J. Safety climate dimensions, leader-member exchange, and organizational support as predictors of upward safety communication in a sample of rail industry workers. Safety Science, 2008, 48(5): 643-650.

[158] Kassing J W. Breaking the chain of command: Making sense of employee circumvention. Journal of Business Communication, 2009, 46(3): 311-334.

[159] Katz-Navon T L, Naveh E, Stern Z. Safety climate in health care

organizations: A multidimensional approach. Academy of Management Journal, 2005, 48(6): 1075-1089.

[160] Kelloway E K, Mullen J E, Francis L. Divergent effects of transformational and passive leadership on employee safety. Journal of Occupational Health Psychology, 2006, 11(1): 76-86.

[161] Kelloway E K, Nielsen K, Dimoff J K. Leading to occupational health and safety: How leadership behaviours impact organizational safety and well-being. John Wiley Sons, 2017.

[162] Kent A, Chelladurai P. Perceived transformational leadership, organizational commitment, and citizenship behavior: A case study in intercollegiate athletics. Journal of Sport Management, 2001, 15(2): 135-159.

[163] Kiesler S, Siegel J, Mc Guire T W. Social psychological aspects of computer-mediated communication. American Psychologist, 1984, 39(10): 1123-1134.

[164] Kish-Gephart J J, Detert J R, Treviño L K, Edmondson A C. Silenced by fear: The nature, sources, and consequences of fear at work. Research in Organizational Behavior, 2009, 29: 163-193.

[165] Klaas B S, Olson-Buchanan J B, Ward A-K. The determinants of alternative forms of workplace voice: An integrative perspective. Journal of Management, 2012, 38(1): 314-345.

[166] Koene B A S, Vogelaar A L W, Soeters J L. Leadership effects on organizational climate and financial performance. The Leadership Quarterly, 2002, 13(3): 193-215.

[167] Krone K J. Effects of leader-member exchange on subordinates' upward influence attempts. Communication Research Reports, 1991, 8(1): 9-18.

[168] Lanaj K, Chang C-H, Johnson R E. Regulatory focus and work-related outcomes: A review and meta-analysis. Psychological Bulletin,

2012, 138(5): 998-1034.

[169] Lavelle J, Gunnigle P, Mc Donnell A. Patterning employee voice in multinational companies. Human Relations, 2010, 63(3): 395-418.

[170] Lebel R, Wheeler-Smith S, Morrison E W. Employee voice behavior: Development and validation of a new multi-dimensional measure. Annual Meeting of the Academy of Management. San Antonio, Texas: 2011.

[171] LePine J A, Dyne L V. Predicting voice behavior in work groups. Journal of Applied Psychology, 1998, 83(6): 853-868.

[172] LePine J A, Van Dyne L. Voice and cooperative behavior as contrasting forms of contextual performance: evidence of differential relationships with big five personality characteristics and cognitive ability. Journal of Applied Psychology, 2001, 86(2): 326-336.

[173] Lewin K, Lippitt R, White R K. Patterns of aggressive behavior in experimentally created "social climates". The Journal of Social Psychology, 1939, 10(2): 269-299.

[174] LiA N, Liao H, Tangirala S, Firth B M. The content of the message matters: The differential effects of promotive and prohibitive team voice on team productivity and safety performance gains. Journal of Applied Psychology, 2017, 102(8): 1259-1270.

[175] Li R, Ling W, Fang L. The mechanisms about how perceived supervisor support impacts on subordinates' voice behavior. China Soft Science, 2010, 4: 106-115.

[176] Liang J, Farh, C I, Farh J-L. Psychological antecedents of promotive and prohibitive voice: A two-wave examination. Academy of Management Journal, 2012, 55(1): 71-92.

[177] Liaw Y-J., Chi N-W, Chuang A. Examining the mechanisms linking transformational leadership, employee customer orientation, and service performance: The mediating roles of perceived supervisor and

coworker support. Journal of Business and Psychology, 2010, 25 (3): 477-492.

[178] Liberman N, Idson L C, Camacho C J, Higgins E T. Promotion and prevention choices between stability and change. Journal of Personality and Social Psychology, 1999, 77(6): 1135-1145.

[179] Liberman N, Förster J. Expression after suppression: A motivational explanation of postsuppressional rebound. Journal of Personality and Social Psychology, 2000, 79(2): 190-197.

[180] Lin S-H, Johnson R E. A suggestion to improve a day keeps your depletion away: Examining promotive and prohibitive voice behaviors within a regulatory focus and ego depletion framework. Journal of Applied Psychology, 2015, 100(5): 1381-1397.

[181] Lippitt R. An Experimental Study of the effect of democratic and authoritarian group atmospheres upon the group and the individual. State University of Iowa, 1938.

[182] Liu W, Tangirala S, Lam W, Chen Z, Jia R T, Huang, X. How and when peers' positive mood influences employees' voice. Journal of Applied Psychology, 2015, 100(3): 976-989.

[183] Liu W, Zhu R, Yang Y. I warn you because I like you: Voice behavior, employee identifications, and transformational leadership. The Leadership Quarterly, 2010, 21(1): 189-202.

[184] Liu J, Siu O-L, Shi K. Transformational leadership and employee well-being: The mediating role of trust in the leader and self-efficacy. Applied Psychology, 2010, 59(3): 454-479.

[185] Liu W, Tangirala S, Ramanujam R. The relational antecedents of voice targeted at different leaders. Journal of Applied Psychology, 2013, 98(5): 841-851.

[186] Locke E A, Latham G P. A theory of Goal Setting and Task Performance. 1990, Englewood Cliffs, NJ: Prentice Hall.

[187] Lockwood P, Jordan C H, Kunda Z. Motivation by positive or negative role models: regulatory focus determines who will best inspire us. Journal of Personality and Social Psychology, 2002, 83(4): 854-864.

[188] Madsen P, Dillon R L, Tinsley C H. Airline safety improvement through experience with Near-Misses: A cautionary tale. Risk Analysis, 2015, 36(5): 1054-1066.

[189] Mäkikangas A, Bakker A B, Aunola K, Demerouti E. Job resources and flow at work: Modelling the relationship via latent growth curve and mixture model methodology. Journal of Occupational and Organizational Psychology, 2010, 83(3): 795-814.

[190] Marchand A, Simard M, Carpentier-Roy M C, Ouellet F. From a unidimensional to a bidimensional concept and measurement of workers' safety behavior. Scandinavian Journal of Work, Environment & Health, 1998, 5(1): 293-299.

[191] Markman A B, Brendl C M. The influence of goals on value and choice. In: Psychology of Learning and Motivation. CA: DL Medin, 2000: 97-128.

[192] Markman K D, Gavanski I, Sherman S J, McMullen M N. The mental simulation of better and worse possible worlds. Journal of Experimental Social Psychology, 1993, 29(1): 87-109.

[193] Markowitz G. Toil and toxics: Workplace struggles and political strategies for occupational health. Journal of Health Politics, Policy and Law, 1993, 18(4): 993-996.

[194] Martínez-Córcoles M, Schöbel M, Gracia F J, Tomás I, Peiró J M. Linking empowering leadership to safety participation in nuclear power plants: A structural equation model. Journal of Safety Research, 2012, 43(3): 215-221.

[195] Maynes T D, Podsakoff P M. Speaking more broadly: An examination

of the nature, antecedents, and consequences of an expanded set of employee voice behaviors. Journal of Applied Psychology, 2014, 99(1): 87-112.

[196] McCabe D M, Lewin D. Employee voice: ahuman resource management perspective. California Management Review, 1992, 34(3): 112-123.

[197] McClean E J, Burris E R, Detert J R. When does voice lead to exit? itdepends on leadership. Academy of Management Journal, 2012, 56(2): 525-548.

[198] McComas K A, Trumbo C W, Besley J C. Public meetings about suspected cancer clusters: the impact of voice, interactional justice, and risk perception on attendees' attitudes in six communities. Journal of Health Communication, 2007, 12(6): 527-549.

[199] Mearns K, Flin R, Gordon G, Fleming M. Organisational and human factors in offshore safety. London: HSE, 1997.

[200] Meyer A D, Brooks G R, Goes J B. Environmental jolts and industry revolutions: Organizational responses to discontinuous change. Strategic Management Journal, 1990, 11(5): 93-110.

[201] Meyer J W, Rowan B. Institutionalized organizations: Formal structure as myth and ceremony. American Journal of Sociology, 1977, 83(2): 340-363.

[202] Miceli M P, Near J P, Dworkin T M. A word to the wise: How managers and policy-makers can encourage employees to report wrongdoing. Journal of Business Ethics, 2009, 86(3): 379-396.

[203] Michaelis B, Stegmaier R, Sonntag K. Shedding light on followers' innovation implementation behavior: The role of transformational leadership, commitment to change, and climate for initiative. Journal of Managerial Psychology, 2010, 25(4): 408-429.

[204] Milliken F J, Morrison E W, Hewlin P F. An exploratory study of employee silence: Issues that employees don't communicate upward

and why. Journal of Management Studies, 2003, 40(6): 1453-1476.

[205] Morrison E W. Employee voice behavior: Integration and directions for future research. Academy of Management Annals, 2011, 5(1): 373-412.

[206] Morrison E W, Wheeler-Smith S L, Kamdar D. Speaking up in groups: A cross-level study of group voice climate and voice. Journal of Applied Psychology, 2011, 96(1): 183-191.

[207] Morrison E W, Milliken F J. Organizational silence: A barrier to change and development in a pluralistic world. Academy of Management Review, 2000, 25(4): 706-725.

[208] Morrison E W. Employee voice and silence. Annual Review of Organizational Psychology and Organizational Behavior, 2014, 1(1): 173-197.

[209] Morrison E W. Employee voice behavior: integration and directions for future rsearch. The Academy of Management Annals, 2011, 5(1): 373-412.

[210] Motowildo S J, Borman W C, Schmit M J. A theory of individual differences in task and contextual performance. Human Performance, 1997, 10(2): 71-83.

[211] Mowbray P K, Wilkinson A, Tse H M. An integrative review of employee voice: identifying a common conceptualization and research agenda. International Journal of Management Reviews, 2015, 17(3): 382-400.

[212] Mullen J E, Kellowa E K, Teed M. Employer safety obligations, transformational leadership and their interactive effects on employee safety performance. Safety Science, 2017, 91(1): 405-412.

[213] Mullen J E, Kelloway E K. Safety leadership: A longitudinal study of the effects of transformational leadership on safety outcomes. Journal of Occupational and Organizational Psychology, 2009, 82

(2): 253-272.

[214] Mullen J. Investigating factors that influence individual safety behavior at work. Journal of Safety Research, 2004, 35(3): 275-285.

[215] Muthén L K, Muthén B O. Mplus statistical modeling software: Release 7.0. Los Angeles, CA, 2012.

[216] Nahrgang J D, Morgeson F P, Hofmann D A. Safety at work: a meta-analytic investigation of the link between job demands, job resources, burnout, engagement, and safety outcomes. Journal of Applied Psychology, 2011, 96(1): 71-96.

[217] Neal A, Griffin M A. A study of the lagged relationships among safety climate, safety motivation, safety behavior, and accidents at the individual and group levels. Journal of applied psychology, 2006, 91(4): 946-955.

[218] Neal A, Griffin M A, Hart P M. The impact of organizational climate on safety climate and individual behavior. Safety Science, 2000, 34(1): 99-109.

[219] Neal A, Griffin M A. A study of the lagged relationships among safety climate, safety motivation, safety behavior, and accidents at the individual and group levels. Journal of Applied Psychology, 2006, 91(4): 946-953.

[220] Near J P, Miceli M P. Organizational dissidence: The case of whistle-blowing. Journal of Business Ethics, 1985, 4(1): 1-16.

[221] Nembhard I M, Edmondson A C. Making it safe: The effects of leader inclusiveness and professional status on psychological safety and improvement efforts in health care teams. Journal of Organizational Behavior, 2006, 27(7): 941-966.

[222] Nekin D, Brown M. Observations on workers' perceptions of risk in the dangerous trades. Science, Technology & Human Values,

1984, 9(2): 3-10.

[223] Neubert M J, Kacmar K M, Carlson D S, Chonko L B, Roberts J A. Regulatory focus as a mediator of the influence of initiating structure and servant leadership on employee behavior. Journal of Applied Psychology, 2008, 93(6): 1220-1233.

[224] Ng T W, Feldman D C. Employee voice behavior: A meta-analytic test of the conservation of resources framework. Journal of Organizational Behavior, 2012, 33(2): 216-234.

[225] Nielsen K, Yarker J, Randall R, Munir F. The mediating effects of team and self-efficacy on the relationship between transformational leadership, and job satisfaction and psychological well-being in healthcare professionals: A cross-sectional questionnaire survey. International Journal of Nursing Studies, 2009, 46(9): 1236-1244.

[226] Nohria N, Joyce W, Roberson B. What really works. Harvard Business Review, 2003, 81(7): 42-55.

[227] Osik J J, Godshalk V M, Yammarino F J. Transformational leadership, learning goal orientation, and expectations for career success in mentor-protégé relationships: A multiple levels of analysis perspective. The Leadership Quarterly, 2004, 15(2): 241-261.

[228] Özaralli N. Effects of transformational leadership on empowerment and team effectiveness. Leadership Organization Development Journal, 2003, 24(6): 335-344.

[229] Park C H, Song J H, Yoon S W, Kim J. A missing link: Psychological ownership as a mediator between transformational leadership and organizational citizenship behaviour. Human Resource Development International, 2013, 16(5): 558-574.

[230] Parker S K, Williams H M, Turner N. Modeling the antecedents of proactive behavior at work. Journal of Applied Psychology, 2006, 91(3): 636-652.

[231] Pearce C L. The future of leadership: Combining vertical and shared leadership to transform knowledge work. The Academy of Management Executive, 2004, 18(1): 47-57.

[232] Perrow C. Normal accidents: Living with high-risk technologies. Princeton: New York, 2011.

[233] Phimister J R, Oktem U, Kleindorfer P R, Kunreuther H. Near-miss system analysis: Phase I. Risk Management and Decision Processes Center, 2000, The Wharton School, University of Pennsylvania.

[234] Phimister J R, Oktem U, KleindorferP R, Kunreuther H. Near-miss incident management in the chemical process industry. Risk Analysis, 2003, 23(3): 445-459.

[235] Piccolo R F, Colquitt J A. Transformational leadership and job behaviors: The mediating role of core job characteristics. Academy of Management Journal, 2006, 49(2): 327-340.

[236] Pierce J L, Kostova T, Dirks K T. Toward a theory of psychological ownership in organizations. Academy of Management Review, 2001, 26(2): 298-310.

[237] Pillai R, Schriesheim C A, Williams E S. Fairness perceptions and trust as mediators for transformational and transactional leadership: A two-sample study. Journal of Management, 1999, 25 (6): 897-933.

[238] Pillai R, Williams E A. Transformational leadership, self-efficacy, group cohesiveness, commitment, and performance. Journal of Organizational Change Management, 2004, 17(2): 144-159.

[239] Podsakoff N P, Podsakoff P M, MacKenzie S B, Maynes T D, Spoelma T M. Consequences of unit-level organizational citizenship behaviors: A review and recommendations for future research. Journal of Organizational Behavior, 2014, 35(1): 87-119.

[240] Podsakoff P M, MacKenzie S B, Moorman R H, Fetter R. Transformational leader behaviors and their effects on followers' trust in leader, satisfaction, and organizational citizenship behaviors. The Leadership Quarterly, 1990, 1(2): 107-142.

[241] Preacher K J, Zhang Z, Zyphur M J. Alternative methods for assessing mediation in multilevel data: The advantages of multilevel SEM. Structural Equation Modeling, 2011, 18(2): 161-182.

[242] Preacher K J, Zyphur M J, Zhang Z. A general multilevel SEM framework for assessing multilevel mediation. Psychological Methods, 2010, 15(3): 209-233.

[243] Preacher K J, Selig J P. Advantages of Monte Carlo confidence intervals for indirect effects. Communication Methods and Measures, 2012, 6(2): 77-98.

[244] Probst T M, Brubaker T L, Barsotti A. Organizational injury rate underreporting: the moderating effect of organizational safety climate. Journal of Applied Psychology, 2008, 93(5): 1147-1154.

[245] Probst T M, Estrada A X. Accident under-reporting among employees: Testing the moderating influence of psychological safety climate and supervisor enforcement of safety practices. Accident Analysis Prevention, 2010, 42(5): 1438-1444.

[246] Pyman A, Cooper B, Teicher J, Holland P A. Comparison of the effectiveness of employee voice arrangements. Australian Industrial Relations Journal, 2006, 37(5): 543-559.

[247] Reason J. Types, tokens and indicators. In Proceedings of the Human Factors Society Annual Meeting (Vol. 34, No. 12, pp 885-889). Sage CA: Los Angeles, CA, 1990.

[248] Reinach S, Viale A. Application of a human error framework to conduct train accident/incident investigations. Accident Analysis Prevention, 2006, 38(2):396-406.

[249] Scholer A A, Higgins E T. Regulatory focus in a demanding world. In R H Hoyle(Ed.), Handbook of personality and self-regulation: 291-314. Malden,Mass. 2010: Blackwell.

[250] Rhoades L, Eisenberger R. Perceived organizational support: A review of the literature. Journal of Applied Psychology, 2002, 87 (4): 698-714.

[251] Rietzschel E F, Nijstad B A, Stroebe W. The selection of creative ideas after individual idea generation: Choosing between creativity and impact. British Journal of Psychology, 2010, 101(1): 47-68.

[252] Roese N J, Olson J M. The structure of counterfactual thought. Personality and Social Psychology Bulletin, 1993,19(3): 312-319.

[253] Rousseau D M, Fried Y. Location, location, location: contextualizing organizational research. Journal of Organizational Behavior, 2001, 22 (1): 1-13.

[254] Rowold J. Transformational and transactional leadership in martial arts. Journal of Applied Sport Psychology, 2006, 18(4): 312-325.

[255] Rundmo T. Perceived risk, safety status, and job stress among injured and noninjured employees on offshore petroleum installations. Journal of Safety Research, 1995, 26(2): 87-97.

[256] Rusbult C E, Farrell D, Rogers G, Mainous A G. Impact of exchange variables on exit, voice, loyalty, and neglect: An integrative model of responses to declining job satisfaction. Academy of Management Journal, 1988, 31(3): 599-627.

[257] Sagan S D. The Limits of Safety: Organizations, Accidents, and Nuclear Weapons. NJ: Princeton University Press, 1993.

[258] Salminen S, Tallberg T. Human errors in fatal and serious occupational accidents in Finland. Ergonomics, 1996, 39 (7): 980-988.

[259] Sarros J C, Cooper B K, Santora J C. Building a climate for

innovation through transformational leadership and organizational culture. Journal of Leadership Organizational Studies, 2008, 15(2): 145-158.

[260] Scholer A A, Higgins E T. Regulatory focus in a demanding world. InHandbook of Personality and Self-Regulation. Malden, Mass, Wiley-Blackwell, 2010: 291-314.

[261] Schmidt A M, DeShon R P. What to do? The effects of discrepancies, incentives, and time on dynamic goal prioritization. Journal of Applied Psychology, 2007, 92(4): 928-935.

[262] Schultz P W, Nolan J M, Cialdini R B, Goldstein N J, Griskevicius V. The constructive, destructive, and reconstructive power of social norms. Psychological Science, 2007, 18(5):429-434.

[263] Seibert S E, Kraimer M L, Crant J M. What do proactive people do? A longitudinal model linking proactive personality and career success. Personnel Psychology, 2001, 54(4): 845-874.

[264] Sendjaya S, Sarros J C. Servant leadership: Its origin, development, and application in organizations. Journal of Leadership Organizational Studies, 2002, 9(2): 57-64.

[265] Seo D C, Torabi M R, Blair E H, Ellis N T. A cross-validation of safety climate scale using confirmatory factor analytic approach. Journal of Safety Research, 2004,35(4): 427-445.

[266] Shamir B, House R J, Arthur M B. The motivational effects of charismatic leadership: A self-concept based theory. Organization Science, 1993, 4(4): 577-594.

[267] Shamir B, Zakay E, Brainin E, Popper M. Leadership and social identification in military units: Direct and indirect relationships. Journal of Applied Social Psychology, 2000, 30(3): 612-640.

[268] Shannon H S, Mayr J, Haines T. Overview of the relationship between organizational and workplace factors and injury rates.

Safety Science, 1997, 26(3): 201-217.

[269] Shanock L R, Eisenberger R. When supervisors feel supported: Relationships with subordinates' perceived supervisor support, perceived organizational support, and performance. Journal of Applied Psychology, 2006, 91(3): 689-695.

[270] Shappell S, Wiegmann D, Fraser J. Beyond mishap rates: A human factors analysis of U. S. Navy/Marine Corps TACAIR and rotary wing mishaps using HFACS. Aviation, Space, and Environmental Medicine, 1999, 70: 416-17.

[271] Shin S J, Zhou J. Transformational leadership, conservation, and creativity: Evidence from Korea. Academy of management Journal, 2003, 46(6): 703-714.

[272] Sitkin S B, Weingart L R. Determinants of risky decision-making behavior: A test of the mediating role of risk perceptions and propensity. Academy of management Journal, 1995, 38(6): 1573-1592.

[273] Sonnentag S. Recovery, work engagement, and proactive behavior: A new look at the interface between nonwork and work. Journal of Applied Psychology, 2003, 88(3): 518-528.

[274] Soyer E, Hogarth R M. Fooled by experience. Harvard Business Review, 2015, 93(5): 73-77.

[275] Stamper C L, Dyne L V. Work status and organizational citizenship behavior: A field study of restaurant employees. Journal of Organizational Behavior, 2001, 22(5): 517-536.

[276] Stogdill R M, Coons A E. Leader behavior: Its description and measurement. New York: Free Press, 1957.

[277] Tangirala S, Ramanujam R. Exploring Nonlinearity In Employee Voice: The Effects of Personal Control and Organizational Identification. Academy of Management Journal, 2008, 51(6): 1189-1203.

[278] Tinsley C H, Dillon R L, Cronin M. A How near-miss events amplify or attenuate risky decision making. Management Science, 2012, 58(9):1596-1613.

[279] Tse H. Transformational leadership and Turnover: The roles of LMX and organizational commitment. Academy of Management Meeting. Anaheim, CA: 2008, 1-6.

[280] Tucker S, Chmiel N, Turner N, Hershcovis M S, Stride C B. Perceived organizational support for safety and employee safety voice: The mediating role of coworker support for safety. Journal of Occupational Health Psychology, 2008, 13(4): 319-330.

[281] Tucker S, Turner N. Sometimes it hurts when supervisors don't listen: The antecedents and consequences of safety voice among young workers. Journal of Occupational Health Psychology, 2015, 20(1): 72-81.

[282] Tucker S, Turner N. Young worker safety behaviors: Development and validation of measures. Accident Analysis Prevention, 2011, 43(1): 165-175.

[283] Uhl-Bien M. Relational leadership theory: Exploring the social processes of leadership and organizing. The Leadership Quarterly, 2006, 17(6): 654-676.

[284] Ulleberg P, Rundmo T. Personality, attitudes and risk perception as predictors of risky driving behaviour among young drivers. Safety Science, 2003, 41(5): 427-443.

[285] Van De A, Delbecq A L. Nominal versus interacting group processes for committee decision-making effectiveness. Academy of Management Journal, 1971, 14(2): 203-212.

[286] Van de Mortel T F. Faking it: Social desirability response bias in self-report research. Australian Journal of Advanced Nursing, 2008, 25(4): 40-48.

[287] VandeWalle D, Cron W L, Slocum Jr J W. The role of goal orientation following performance feedback. Journal of Applied Psychology, 2001, 86(4): 629-637.

[288] Van Dyne L, LePine J. A Helping and voice extra-role behaviors: evidence of construct and predictive validity. Academy of Management Journal, 1998, 41(1): 108-119.

[289] Van Kleef G A, De Dreu C K, Manstead A S. An interpersonal approach to emotion in social decision making: The emotions as social information model. Advances in Experimental Social Psychology, 2010, 42: 45-96.

[290] Van Knippenberg D, Van Knippenberg B, De Cremer D, Hogg M. A Leadership, self, and identity: A review and research agenda. The Leadership Quarterly, 2004, 15(6): 825-856.

[291] Van Knippenberg B, Van Knippenberg D. Leader self-sacrifice and leadership effectiveness: The moderating role of leader prototypicality. Journal of Applied Psychology, 2005, 90(1): 25-37.

[292] Van Knippenberg D, Sitkin S B. A critical assessment of charismatic—Transformational leadership research: Back to the drawing board?. Academy of Management Annals, 2013, 7(1): 1-60.

[293] Van Prooijen J-W, Karremans J C, van Beest I. Procedural justice and the hedonic principle: How approach versus avoidance motivation influences the psychology of voice. Journal of Personality and Social Psychology, 2006, 91(4): 686-697.

[294] Vandyne L, Cummings L L, Parks J M. Extra-role behaviors-in pursuit of construct and definitional clarity (A bridge over muddied waters). // L. L. Cummings, BM. Staw. Research in Organizational Behavior. Greenwich, CT: JAI Press, 1995, 17: 215-285.

[295] Venkataramani V, Zhou L, Wang M, Liao H, Shi J. Social

networks and employee voice: The influence of team members' and team leaders' social network positions on employee voice. Organizational Behavior and Human Decision Processes, 2016, 132: 37-48.

[296] Wallace J C, Little L M, Shull A. The moderating effects of task complexity on the relationship between regulatory foci and safety and production performance. Journal of Occupational Health Psychology, 2008, 13(2): 95-104.

[297] Wallace J C, Chen G. A multilevel integration of personality, climate, self-regulation, and performance. Personnel Psychology, 2006, 59(3): 529-557.

[298] Walumbwa F O, Morrison E W, ChristensenA L. Ethical leadership and group in-role performance: The mediating roles of group conscientiousness and group voice. The Leadership Quarterly, 2012, 23 (5): 953-964.

[299] Walumbwa F O, Avolio B J, Zhu W. How transformational leadership weaves its influence on individual job performance: The role of identification and efficacy beliefs. Personnel Psychology, 2008, 61(4): 793-825.

[300] Wang G, Oh I-S, Courtright S H, Colbert A E. Transformational leadership and performance across criteria and levels: A meta-analytic review of 25 years of research. Group Organization Management, 2011, 36(2): 223-270.

[301] Wang H, Law K S, Hackett R D, Wang D, Chen Z X. Leader-member exchange as a mediator of the relationship between transformational leadership and followers' performance and organizational citizenship behavior. Academy of Management Journal, 2005, 48(3): 420-432.

[302] Wang X, Howell J M. A multilevel study of transformational

leadership, identification, and follower outcomes. The Leadership Quarterly, 2012, 23(5): 775-790.

[303] Weinstein N D, Klotz M L, SandmanP M. Optimistic biases in public perceptions of the risk from radon. American Journal of Public Health, 1988, 78(7): 796-800.

[304] Wee E X, Liao H, Liu D, Liu J. Moving From Abuse to Reconciliation: A Power-Dependency Perspective on When and How a Follower Can Break the Spiral of Abuse. Academy of Management Journal, 2017, 60(6): 2352-2380.

[305] Wei X, Zhang Z-X, Chen X-P. I will speak up if my voice is socially desirable: A moderated mediating process of promotive versus prohibitive voice. Journal of Applied Psychology, 2015, 100(5): 1641-1652.

[306] Weick K E, Roberts K H. Collective mind in organizations: Heedful interrelating on flight decks. Administrative Science Quarterly, 1993, 38 (3): 357-381.

[307] Weick K E, Sutcliffe K M. Managing the unexpected (Vol. 9). 2001, San Francisco: Jossey-Bass.

[308] Weick K E, Sutcliffe K M, Obstfeld D. Organizing for high reliability: Processes of collective mindfulness. Crisis Management, 2001, 3 (1): 81-123.

[309] Wiegmann D A, Shappell S A. Human error and crew resource management failures in Naval aviation mishaps: a review of US Naval Safety Center data, 1990-96. Aviation, Space, and Environmental Medicine, 1999, 70(12): 1147-1151.

[310] Withey M J, Cooper W H. Predicting exit, voice, loyalty, and neglect. Administrative Science Quarterly, 1989, 34: 521-539.

[311] Xanthopoulou D, Bakker A B, Demerouti E, Schaufeli W B. Work engagement and financial returns: A diary study on the role of job

and personal resources. Journal of Occupational and Organizational Psychology, 2009, 82(1): 183-200.

[312] Yin R. Case study research: Design and methods. CA: Sage publishing, 1994.

[313] Yukl G. An evaluation of conceptual weaknesses in transformational and charismatic leadership theories. The Leadership Quarterly, 1999, 10(2): 285-305.

[314] Zhang X, Bartol K M. Linking empowering leadership and employee creativity: The influence of psychological empowerment, intrinsic motivation, and creative process engagement. Academy of Management Journal, 2010, 53(1): 107-128.

[315] Zhou J, George J M. When job dissatisfaction leads to creativity: encouraging the expression of voice. Academy of Management Journal, 2001, 44(4): 682-696.

[316] Zhou F, Jiang C. Leader-member exchange and employees' safety behavior: The moderating effect of safety climate. Procedia Manufacturing, 2015, 3: 5014-5021.

[317] Zhu W, Riggio R E, Avolio B J, Sosik J J. The effect of leadership on follower moral identity: Does transformational/transactional style make a difference?. Journal of Leadership Organizational Studies, 2011, 18(2): 150-163.

[318] Zohar D, Luria G. Group leaders as gatekeepers: testing safety climate variationacross levels of analysis. Applied Psychology, 2010, 59(4): 647-673.

[319] Zohar D, Tenne-Gazit O. Transformational leadership and group interaction as climate antecedents: a social network analysis. Journal of Applied Psychology, 2008, 93(4): 744-757.

[320] Zohar D, Luria G. Organizational meta-scripts as a source of high reliability: the case of an army armored brigade. Journal of

Organizational Behavior, 2003, 24(7): 837-859.

[321] Zohar D, Luria G. A multilevel model of safety climate: cross-level relationships between organization and group-level climates. Journal of Applied Psychology, 2005, 90(4): 616-628.

[322] Zohar D. A group-level model of safety climate: testing the effect of group climate on micro-accidents in manufacturing jobs. Journal of Applied Psychology, 2000, 85(4): 587-596.

[323] Zohar D, Luria G. Climate as a social-cognitive construction of supervisory safety practices: scripts as proxy of behavior patterns. Journal of Applied Psychology, 2004, 89(2):322-325.

[324] Zohar D. The effects of leadership dimensions, safety climate, and assigned priorities on minor injuries in work groups. Journal of Organizational Behavior, 2002, 23(1): 75-92.

[325] Zohar D. Safety climate in industrial organizations: Theoretical and applied implications. Journal of Applied Psychology, 1980, 65(1): 96-102.

[326] Zohar D. The effects of leadership dimensions, safety climate, and assigned priorities on minor injuries in work groups. Journal of Organizational Behavior, 2002, 23(1): 75-92.

[327] 陈俊，贺晓玲，张积家. 反事实思维两大理论：范例说和目标-指向说. 心理科学进展，2007,15(03)，416-422.

[328] 陈文晶，时勘. 变革型领导和交易型领导的回顾与展望. 管理评论，2007，19(9)：22-29.

[329] 国家安全生产监督管理总局. 2016. 全国安全事故统计. www.chinasafety.gov.cn/tjsj/zjb10/index.htm.

[330] 李超平，时勘. 变革型领导的结构与测量. 心理学报，2005，37(6)：803-811.

[331] 吴隆增，曹昆鹏，陈苑仪和唐贵瑶. 变革型领导行为对员工建言行为的影响研究. 管理学报，2011，8(1)：61-66.

[332] 肖国清，陈宝智. 人因失误的机理及其可靠性研究. 中国安全科学学报，2001，11，22-26.

[333] 张凤，于广涛，李永娟，蒋丽，董雷. 影响我国民航飞行安全的个体与组织因素——基于 HFACS 框架的事件分析. 中國安全科學學報，(2007)，17(10)，67-74.

[334] 张力. 在更广泛基础上预防和减少事故. 管理工程学报，1998，12(3)：59-67.

[335] 周浩，龙立荣. 变革型领导对下属进谏行为的影响：组织心理所有权与传统性的作用. 心理学报，2012，44(3)：388-399.

图书在版编目(CIP)数据

安全领导与决策 / 周帆,卢红旭,刘大伟著. --杭州：浙江大学出版社，2019.12
ISBN 978-7-308-19958-2

Ⅰ.①安… Ⅱ.①周… ②卢… ③刘… Ⅲ.①安全管理—研究 Ⅳ.①X92

中国版本图书馆 CIP 数据核字(2020)第 012638 号

安全领导与决策
周 帆 卢红旭 刘大伟 著

责任编辑 吴伟伟 weiweiwu@zju.edu.cn
责任校对 陈逸行
封面设计 雷建军
出版发行 浙江大学出版社
(杭州市天目山路 148 号 邮政编码 310007)
(网址:http://www.zjupress.com)
排 版 浙江时代出版服务有限公司
印 刷 广东虎彩云印刷有限公司绍兴分公司
开 本 710mm×1000mm 1/16
印 张 12.75
字 数 200 千
版 印 次 2019 年 12 月第 1 版 2019 年 12 月第 1 次印刷
书 号 ISBN 978-7-308-19958-2
定 价 68.00 元

浙江大学出版社市场运营中心联系方式 (0571)88925591;http://zjdxcbs.tmall.com